日本主厨笔记——烤肉专业教程

日本旭屋出版编辑部◎编

白金◎译

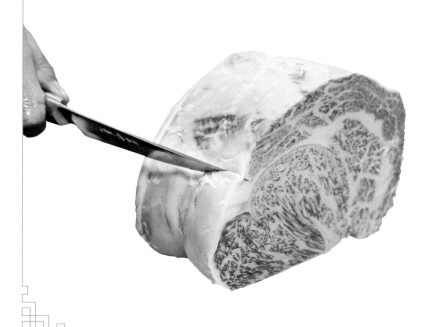

机械工业出版社

CHINA MACHINE PRESS

前 言

"烤肉"究竟可以好吃到什么程度呢？

近年来烤肉技术的进展可以说毫无止境。

烤肉在本质上是一种烹调方法简单的料理，

但也正因为如此，反而更显其中的深奥。

烤肉可以说是一种光是稍微调整肉的切割方法、调味和炙烤方式，

就能大大影响美味程度的料理。

因此，必须要拥有能够真正"发挥出肉本身美味"的技术，

而烤肉厨师对于追求"美味烤肉"的探究之心，

更是为烤肉拓宽了新的可能性。

本书中将会详细介绍这些烤肉厨师的各项技术。

现今烤肉业界中生意兴隆且各领风骚的多家烤肉店，

都将毫无保留地公开各自店铺的商业秘密。

如今的"烤肉"，在重视传统烤肉文化的同时，

也开始迈向新的舞台。

如果大家在探究各店的技术之余，也能看见那些将技术付诸其中的

烤肉店工作人员的无止境的探求心与热情，就再好不过了。

旭屋出版编辑部

目　录

PART 1　**10家人气店铺的商业秘密**

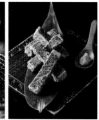

名词解释

• **三温糖：** 砂糖的一种，是一种精制度低的褐色砂糖。做日本料理时，想要味道浓一些，便会用这种糖。甜味比其他糖强一些，风味独特。

• **浓口酱油：** 相当于我国的老抽，颜色很深，呈棕褐色，有光泽，鲜美微甜。

• **淡口酱油：** 相当于我国的生抽，口味和颜色较淡，但含盐量较高，盐分约为18%，高于浓口酱油。淡口酱油流行于日本关西地区，多为制作无须上色、体现食材本身味道与颜色的食材时使用，特别适用于高汤、关东煮和乌冬面等料理。

部位分类索引

将牛肉按照部位分类罗列，整理成索引。即使是相同部位，也可能会因各店铺独有技术而使肉品的状态有所差异。此外，各部位的名称主要为各店铺惯用的称呼，也有可能会因为店铺或地区而有所不同。

牛肉部位

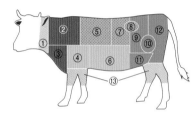

■ 肩胛部位
② 牛肩胛肉
③ 牛肩肉

■ 牛后腿部位
⑨ 牛臀肉
⑩ 内后腿肉
⑪ 内腿肉下侧
⑫ 外后腿肉

■ 牛腹部位
④ 牛肩腹肉
⑥ 牛腹肉

■ 腰脊部位
⑤ 牛肋脊肉
⑦ 牛腰脊肉（西冷）
⑧ 牛腰眼肉（菲力）

■ 其他
① 牛肩颈肉
⑬ 牛腱肉

内脏部位

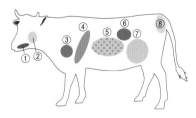

■ 牛舌
① 牛舌

■ 牛肠
⑦ 牛小肠、牛大肠

■ 牛心脏／肝脏
③ 牛心
⑥ 牛肝

■ 横膈膜
④ 外横膈膜肉
（内横膈膜肉）

■ 牛胃
⑤ 草肚、金钱肚、毛肚、伞肚

■ 其他
② 牛颊肉
⑧ 牛尾

PART 1

10家人气店铺的商业秘密

东京·町屋

正泰苑

分店：三轩茶屋店

正泰苑股份有限公司
执行董事·金日秀先生

创业超过40年的"正
泰苑"第二代。在20
年前就构思出了技惊四
座的用牛肋脊肉搭配芥
末酱油的"盐烤上等牛
五花肉"等菜品，若干
年来，店家一直致力于
创造出令人印象深刻的
菜品。

在延续街道上备受欢迎的好味道的同时
不断提升技术的"正泰苑"烤肉

　　东京·町屋"正泰苑"仍然保留着怀旧烤肉的风情。上一辈在这片土地上开创经营了"正泰苑"烤肉总店，在这基础之上，身为第二代传人的金日秀先生在芝大门、银座、新桥、丰州等地扩大经营，现在已经拥有七家店铺。最新开张的三轩茶屋店是一间以秘密基地为主题的、洋溢着快乐的分店，经常会有新奇的有趣方案。牛肋脊肉作为五花肉，搭配芥末酱油一起享用，这种现在普遍存在的烤肉吃法，是店主金日秀先生约在20年前创造的。当时人们普遍认为，牛五花肉就是牛腹肉，金日秀先生改变了取材，使这种新型烤肉成为备受瞩目的对象。伴随着这类新菜单的开发，不断地拓展烤肉的可能性，也延续着烤肉蘸酱享用的传统之道。

　　虽然蘸酱的味道随着人们的喜好而变化，所使用的优质肉品也有些许改变，但都是以烤肉是"腌肉酱经烧烤过后的酱香味、肉品经过熏烤后的肉香味"为基础做出的调整。

　　"正泰苑"使用的牛肉部位，只选择油脂分布漂亮的牛肋脊肉与瘦肉部分相当美味的下后腰脊三角肉，金日秀先生会亲自用双眼严格挑选出市场上的这两种部位的优质肉品，所以能维持稳定的味道。在本书里，除了切肉的刀工技巧，"正泰苑"的秘密蘸酱配方也会一并公开，这是因为金日秀先生想将烤肉文化传承下去并发扬光大。

总店地址：东京都荒川区

三轩茶屋店地址：东京都世田谷区

牛肋脊肉

瘦肉中有着漂亮油脂分布的牛肋脊肉，不只外观好看，味道可口，而且需要处理掉的部分也不多，所以对烤肉店来说比较容易处理，容易规模化制作。"正泰苑"的肉品由金日秀先生跑遍芝浦市场的多家肉品批发商，以其专业的眼光选材后进货。

原料　黑毛和牛A5

菜单

[分割]

取下牛肋条

1

图中使用的是将近7千克的牛肉块。先切掉牛肋条的部分。这个尺寸的肉块有4~5条牛肋条。

2

用刀切开牛肋条的根部。用手提起牛肋条，将它拉下来。根部切开多少，就用手取下多少。

> **Point** 去除软骨

3

牛肋条全部取下来后，确认是否有软骨残留在肉块上。

4

这种软骨即使烤后，吃到口中也会破坏口感，所以需要仔细去除。牛肋脊肉的处理中，这是最为重要的一步。

剥除肋脊皮盖肉（指牛肋脊肉的最上层部分）、肋尖肉（腹肋肉，既有肥肉又有瘦肉的部分）

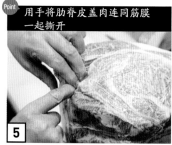

> **Point** 用手将肋脊皮盖肉连同筋膜一起撕开

5

接下来，将肋脊皮盖肉和肋尖肉去除。肉块的断面朝上，将手指插入肋脊皮盖肉、肋眼心之间。让筋膜靠在要去除的一侧。

6

一边用手指往外拉扯，一边用刀切开肋脊皮盖肉的两端。

> **Point** 用手拉着向两边撕开

7

用刀切开到一定程度后，改用双手将肉撕开。这个部分是牛肉筋膜交界处，所以可以轻易地用手撕开。

8

用手撕开到肋尖肉的部分之后，再次用刀切除脂肪厚的部分。

9

去除牛肋条、肋脊皮盖肉与肋尖肉之后的状态，将肉处理到这个程度即可。

分切成肩胛肉侧和后腰脊肉侧 | **切下后腰脊肉侧的肋眼肉卷带侧肉** | **切下肩胛肉侧的肋眼肉卷带侧肉**

Point 察看肋眼心的侧面进行判断

10

靠近肩胛肉侧和靠近后腰脊肉侧断面两处的肋眼心面积不同。照片中为后腰脊肉侧，其肋眼心的面积更大一些。

Point 下刀时注意不要切得太深

13

从肋眼肉卷带侧肉的边缘入刀。肋眼肉卷带侧肉的肉质非常软嫩，如果下刀太深很容易切过头。

17

将刀切进肋眼肉卷带侧肉的边缘。与从后腰脊肉侧切入时一样，需要注意不要切到肋眼心。

11

肩胛肉侧肋眼心的面积较为狭小，覆于外层的肋眼肉卷带侧肉较多。肋眼心的侧边会有一小块副肋眼心。

14

将切口朝上摆放，一边留意不要切得太深，一边将肋眼肉卷带侧肉剥离肋眼心。

18

将切口朝上摆放，一边用手拉着肋眼肉卷带侧肉，剥离肋眼心，一边用刀切除筋膜。

12

将肉分切成后腰脊肉侧与肩胛肉侧。切之前先预估肋眼心可以分切成几等份。照片中在略偏左的位置进行分切。

15

用手剥开肋眼肉卷带侧肉的同时，用刀将中间的筋膜也一并切除。

19

顺着切割的角度转动肋眼心，用刀仔细地切离肋眼肉卷带侧肉，最后完成切离。

16

切到另一边的边缘后，将肋眼肉卷带侧肉切离肋眼心。

20

这是切下来的肋眼肉卷带侧肉。跟肋眼心连着的筋膜部分稍微有点硬，但是整体肉质是软嫩的。

[分切成块]

切下副肋眼心 | 肩胛肉侧

21 在肩胛肉侧，有从肩胛心部位延伸过来的副肋眼心肉。用刀沿着筋膜切入，将其切割取出。

1 分切肩胛肉侧的肋眼心。首先确认表面是否有筋残留，如果有，需要剔除。

5 将剩余的肉块一分为二。

22 将刀沿着筋膜切割，就能很完整地将副肋眼心切下来。

Point 查看断面的筋，决定如何分割

2 观察肋眼心的断面，根据内部筋的分布方式，考虑如何分割。

6 分切时，要尽可能切成相同大小的块。

Point 整块切下来以后，可以直接用

23 副肋眼心是软嫩程度接近菲力的稀有部位。在银座店会将其单独售卖。

3 因为有个较粗大的筋斜着分布，所以沿着筋的走向切割，切下一大块肉来。

Point 确认是否有筋残留

7 分切成块之后，再次确认表面是否有筋残留。如果有，需要剔除。

4 接着从刚刚最开始斜着下刀的地方，垂直向下切割，切下另一块肉。

8 将肋眼肉卷带侧肉也进行分切。边缘部分稍硬，有时也会附着骨膜，所以要将此部分切除。

Point 将其切成三等份

9

将肋眼肉卷带侧肉作为牛五花肉售卖。要平均切成三等份。

10

分切成块之后，同样也需要清理，将附着筋膜的地方剔除。利落地将筋膜切除，是一项相当重要的工作。

肩胛肉侧的肋眼心断面较小。将肋眼心切成四等份。

1

后腰脊肉侧的肋眼心断面较大，可以将其切成五等份。首先从有筋的地方下刀。

Point 将带着筋的部分切除

2

分切下来的肉块上面有着错综复杂的筋，这些筋会影响口感，所以需要切除。

3

接下来在已分切掉肉块的旁边位置，切下一块肉。将切下来的肉边缘的筋也一并去除干净。

4

接着再切下旁边位置的肉块，需要尽量让断面呈现相同的大小。将残留在表面多余的油脂去除干净。

5

将分切后的肉断面朝上放置，再分切成二等份，后腰脊肉侧的分切即完成。将肋眼心分切成五等份。

Point 分切肋眼肉卷带侧肉

6

将肋眼肉卷带侧肉分切成四等份，分切时尽量使断面大小一致。

Point 将筋和油脂部分去除

7

将分切好的肉块的筋与油脂去除干净。

将肋眼心分切成五等份，将肋眼肉卷带侧肉分切成四等份。为了避免让肉直接接触到调理盘，需要垫上沥水垫后再将肉摆放上去。

分切肋脊皮盖肉、肋尖肉

Point 先将连着牛肋条的部分切除

1

这部分是将肋尖肉切下后剩余的根部部位。此部分留有些许肉，所以切下来作为牛肋条使用。

Point 将附着在肋脊皮盖肉上的筋膜剔除

2

由于分切时将肋脊皮盖肉与肋眼心之间的筋膜也一起切下来了，所以需要将刀划入筋膜与肋脊皮盖肉之间，剔除这一大片的筋膜。

3

将筋膜大致剔除之后，将肋脊皮盖肉与肋尖肉分开。两者的风味稍有不同，肋尖肉的风味更加浓郁，肉质较硬。

4

处理肋尖肉。将表面仍旧残留的硬质筋膜剔除干净。

5

肋脊皮盖肉面积较大，切成二等份。

6

将边缘较硬的部分切除，分布于表面的油脂也需要处理。此处的油脂如果清除得太过干净，就会减少肉的风味，所以需要留下少许油脂。

将肋脊皮盖肉分切成二等份。肋尖肉则维持原状，不进行分切，这部分肉质较硬，所以作为普通牛五花肉使用。

1

处理从牛肋脊肉取下的牛肋条。先切除上方的筋。

Point 将骨膜去除

2

牛肋条侧边残留着骨膜，将需要剔除的部分处理干净。

Point 取下牛肋条后的剩余部分也可以灵活运用

3

切掉牛肋条后剩下的根部部位，也算是牛肋条。将油脂过厚的部分切除后，分切成适当的大小，剔除筋膜。

这是牛肋条处理完的状态。切除下来的牛肋条的根部部位、肋眼肉卷带侧肉的边缘部位、副肋眼心的部位也都作为牛肋条使用。

[分切牛五花肉]

普通牛五花肉

1

店内的牛五花肉菜单分为普通牛五花肉和上等牛五花肉两种。普通牛五花肉使用的是肋脊皮盖肉和肋尖肉。

2 Ⓐ

肋脊皮盖肉和肋尖肉的肉质柔软程度稍有不同。肋脊皮盖肉的肉质比肋尖肉稍微软一些，所以可以切得稍厚一些。

Point 厚度不同，口感也会有差异

3 → Ⓑ

肋尖肉的肉质稍硬一些，为了让肉吃起来不会有太大差异，所以要把肉切得薄一些。

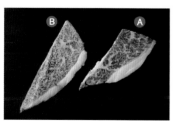

普通牛五花肉切片
肋脊皮盖肉（A）和肋尖肉（B）的切片。

上等牛五花肉

1 Ⓒ

"上等牛五花肉"使用的是肋眼心和肋眼肉卷带侧肉。分切肋眼心时，刀身与肉块垂直，切成略薄的肉片。一片肉约18克。

2 Ⓓ

肋眼肉卷带侧肉的切面比肋眼心小，所以用厚切来呈现分量感。一片肉约22克。

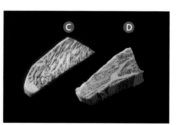

上等牛五花肉切片
肋眼心（C）和肋眼肉卷带侧肉（D）的切片。

[分切牛肋条]

牛肋条的根部

1

牛肋条的根部部位、肋眼肉卷带侧肉的边缘部位、副肋眼心等，都属于"牛肋条"。牛肋条的根部部位有筋分布在其中。

Point 切夹刀片把筋切断

2

为了不让分布于其中的筋破坏口感，将肉切成夹刀片的形式。先划一刀，深度不至于把肉切断。

3

接着再切一刀，把整片肉切下来。

4 ↩ Ⓔ

将夹刀片从中间打开。牛肋条的根部部位风味浓郁，顾客能享用到咀嚼时扩散在口中的浓郁滋味。

19

肋眼肉卷带侧肉的边缘部位　　　　　副肋眼心

Point 想好盛盘方式，再将肉摆放进去

5

从一个角开始，将分切好的肉整齐地摆放上去。盛盘时，四个部位的肉要平均地各取一片。

6

需要分辨纹理的走向进行分切。照片中是为了切断纤维而采取斜切。

7

肉的纹理走向是渐渐改变的。为了能垂直于纤维下刀，将肉块转向，改从反方向分切。

8 →**F**

由于牛肋条内部有筋分布于其中，所以每分切下一片肉，就在肉片上面斜斜地划入刀纹。将切下来的肉片依次摆进盘中。

9

切除下来的肋眼肉卷带侧肉边缘部位也作为牛肋条使用。尽量将肉切得大一些，同时也要看清纹理的走向再下刀。

Point 倾斜刀身让切面变大

10

采用斜切的方式，下刀时分与肉的纹理呈垂直状态。

11 →**G**

若是顺着纹理平行分切的话，就会令油脂呈横向走向。垂直纹理切下，能让油脂的分布看起来较为漂亮。切下来的肉片也摆放进步骤5的盘中。

12

从肩胛肉侧切下来的副肋眼心，因为肉量不多，所以也归入牛肋条之中。将表面进行处理。

13 →**H**

切成易于食用的大小。因为副肋眼心的肉质软嫩，切得稍厚一点也可以。

共有四个部位作为牛肋条使用。按照部位逐一进行分切，并摆放整齐。每盘平均摆放上四个部位的肉。

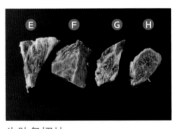

牛肋条切片

照片里分别是牛肋条的根部部位（E）、牛肋条（F）、肋眼肉卷带侧肉的边缘部位（G）、副肋眼心（H）。

下后腰
脊三角肉

　　瘦肉部分使用进货时就已经分切出来的内腿肉下侧部位。内腿肉下侧部位中的下后腰脊三角肉虽然是瘦肉，但有油脂分布其中，拥有筋道口感的同时，又柔软可口。在店内作为上等腿肉售卖。三角形的外观是其特征，分切时需要根据外观妥善处理。

黑毛和牛A5

供应菜单

上等牛腿肉　　　　　　▶30页

Point 不断改变刀的角度进行分切

3 →A

虽然边角部分不容易分切，但如果只想选用形状好的部分，可以使用的肉量就较少。分切边角部分的时候倾斜刀身下刀，斜切成稍微有些厚度的肉片。

4 →B

由于切面渐渐变大，需要随之慢慢立起刀身。分切的厚度也随之一点点变薄。

Point 待切面变得完整后，改成一般的切法

5 →C

当断面跟肉块呈现垂直状态后，改变肉块的摆放方向，刀身垂直向下分切。

6

在开门营业之前，先将不容易分切的部位切好，再把切面变得完整的中心部分妥善存放。如此一来，即便百忙之中有顾客点餐，也能迅速进行分切。

7

将切面大小基本一致的肉片横向摆放。这样每盘肉不会有太大的差异。

Point 从边角开始分切成四等份

1

进货的肉是已经处理完成的。这个部位很难将肉分切一致，特别是边角的部位更难分切。

2

尽量平均地切成四等份。

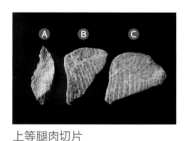

A　B　C

上等腿肉切片

这是分切时慢慢改变刀身倾斜角度所切出来的下后腰脊三角肉片。难以切出较大切面的边角部位采用厚切，随着切面慢慢变大而渐渐越切越薄。

草肚

草肚是牛的第一个胃，有着富含弹性的独特口感。即使价格较贵，仍然有很多人点。店内会将草肚薄的部分与厚的部分平均地盛放于盘中，尽量让每盘草肚厚薄分布均匀。剞花刀会让草肚易于食用，这是必不可少的一项工作。

日本产

供应菜单

上等草肚 ▶30页

［ 剞花刀 ］

1

进货选的是已经处理完成的草肚。将口感不太好的外侧边缘部分切除。

Point 根据草肚的厚度进行分切

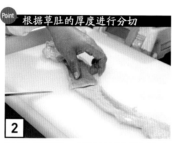

2

最终盛盘时，要让顾客平均地享用到草肚薄的部分与厚的部分。因此，需要根据部位的薄厚进行分切。

3

厚的部分十分美味。将有厚度且较狭长的部分竖着切成二等份。

Point 剞花刀，使其变得易于食用

4

此部位有着筋道的独特口感。剞上花刀，易于食用。刀身垂直地从其中一边开始斜着切出等距离的刀纹。

5

以等距离的间隔剞上花刀，如果遇到较硬的部分，需要剞上较细密的刀纹。刀纹不要划得太深，不要切断。

6

将刀身与已经剞好的刀纹呈90度，交叉剞出十字花刀。

Point 在背面也剞上花刀

7

有些店家只在一面剞花刀，但正泰苑会在两面都剞，这样入口时口感更佳。

8

较薄的部分和较厚的部分都分别剞上花刀。

[分切]

Point 将较硬的部分切得薄一些

1 **A**

首先从较薄的部分开始切。因为肉质较硬，所以将刀身倾斜进行薄切。

2

将切下来的草肚一片一片不重叠地平铺在垫了沥水垫的盘中。

Point 分切的厚度根据草肚的厚度进行调整

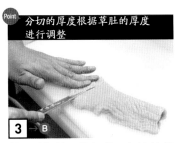

3 **B**

然后分切较厚的部位。相比较薄的部位，这个部位更软嫩，所以需要切得厚一些。

Point 通过摆放方式提高盛盘效率

4

将分切下来的较厚的部位按顺序重叠摆放在步骤2的薄草肚上面。

5

一盘中，薄的厚的都有，接到顾客点餐后，上下叠加在一起整份取出。

6

一份约为90克。薄的厚的一起盛盘供应，能够确保品质的稳定，不会让顾客产生"上次吃到的比较好吃"的想法。

B **A**

上等草肚切段

根据肉质的软硬程度进行分切。薄的部分进行薄切，厚而柔软的部分进行厚切，可以呈现出多重口感。

牛内脏的作料
令人上瘾的青辣椒

为了让内脏尝起来更美味而调制出的作料。用辣味鲜明的韩国产青辣椒与味道强烈的辣酱调制而成，不仅适合为内脏调味，一般烤肉也可以用。

■ 材料（准备用量）	
青辣椒（韩国产）	700克
色拉油	15克
浓口酱油	20克
酒	5克
辣椒素辣酱	1~5克
鲣鱼风味调味料	10克
柴鱼粉	3克

■ 做法

1 将青辣椒切成细圈状。

2 将浓口酱油、酒、辣椒素辣酱、鲣鱼风味调味料混合在一起。

3 在锅中倒入色拉油，放入青辣椒，进行翻炒。炒软之后，加入步骤2的调味料进行翻炒。

4 加入柴鱼粉，炒匀后关火，在常温下放凉后，装入密封容器中保存。

腌肉酱

腌肉酱分两个阶段制作。先加热让味道融合稳定下来。顾客点餐后，再将边使用边补充的"基底酱油"里加入压碎的大蒜、炒白芝麻、葱花等，可以增添"香辛风味"。酱油的熟成风味和配料的新鲜芳香可以使肉更显美味。

基底酱油

基底酱油很重视香味。

■ 材料（准备用量）

材料	用量
三温糖	3.6千克
浓口酱油1	3.6升
味淋	1.8升
酒	1.8升
红葡萄酒	1.2升
水	1升
浓口酱油2	3.6升

■ 做法

1 将三温糖、浓口酱油1、味淋、酒、红葡萄酒、水倒入锅中，开火前先用打蛋器进行搅拌，使三温糖溶化。

2 开大火煮沸后，充分搅拌，将酒精煮至挥发。

3 待酒精充分挥发后，改为小火，继续熬煮5分钟左右，关火。放置在常温下冷却后，加入剩余的浓口酱油2，倒入密封容器中，冷藏保存。

最后加工 ※以"中等腿肉"（内腿肉下侧）为例

1 接到顾客点餐后，调制腌肉酱。将大蒜压碎后，放入基底酱油中。

Point 加入炒过的白芝麻增添香味

2 加入黑胡椒、白芝麻、香油。白芝麻会在每天开门营业前，将当天所需要的分量炒好，能给酱汁增加芝麻的香味。

3 将切成葱花的葱白加入酱汁中。

4 腌肉酱调配基准为：基底酱油180毫升、蒜碎4克、黑胡椒撒4次、炒白芝麻15～20克、香油15克、葱花20克。

Point 将肉浸入酱汁中，可以使肉分开

5 腌肉酱汁混合均匀之后，将肉片浸入酱汁中，这样肉片就不会粘在一起。

6 将一份肉分别浸入腌肉酱汁后，再适量补足酱汁。

Point 通过手的温度，使肉吸收酱汁

7 用手充分揉拌，使肉充分吸收酱汁。查看肉片吸收酱汁的情况，如果酱汁不够的话，适量补足。

8 待肉片腌制入味后，摆放到盘中。如果使用的是上等牛五花肉（肋脊肉）这类油脂分布较多的部位，腌肉酱里就不需要添加香油，肉片也只需浸过酱汁即可。

内脏用腌肉酱

牛内脏用的腌肉酱是由总店统一准备的，以此守护上一代所传下来的好味道。使用了味噌、味淋、酱油、砂糖、韩式辣酱等调味料，并加入了番茄酱来增添酸味与甜味，让酱汁尝起来更有深度。每次上桌前再加上香辛料做最后的加工。

基底腌肉酱

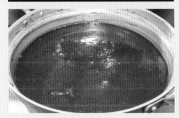

用小火慢慢地熬煮，调制出温和醇厚的风味。传承上一代使用的味噌与番茄酱是重点所在。

■ 材料（准备用量）

韩式辣酱	120克
辣椒粉	24克
味之素味精	80克
蒜泥	72克
番茄酱	760克
黑胡椒	4克
白砂糖	3.6千克
竹屋味噌	4千克
味淋	1440毫升
浓口酱油	3.6升

■ 做法

1. 将所有材料放入锅中混合，用打蛋器充分搅拌均匀。
2. 开大火熬煮，并用打蛋器搅拌，避免烧焦。煮沸后改为小火，继续熬煮25分钟。
3. 待酱汁熬煮至顺滑光泽状后，即可关火。每隔5分钟搅拌一次，使酱汁逐渐冷却。
4. 酱汁冷却后，分装进珐琅材质的容器中。

最后加工 ※ 以"上等草肚"为例

1 每次都按照所需要的量舀取基底腌肉酱，进行后续调味。

2 将大蒜压碎加入酱汁中，用来增添香味。

Point 用调味酱Tategi调整辣度

3 加入自制的韩式辣酱Tategi。这是一种混合了辣椒、大蒜、香油制作而成的调味料。

4 加入酒、黑胡椒、辣椒粉，混合均匀。

Point 调好味道后，再加入香油

5 因为加入香油后就不容易再调整风味，所以香油最后添加。

6 将分切好的牛内脏放进步骤5的腌肉酱中，用勺子均匀涂抹酱汁。腌肉酱的调配基准为：基底腌肉酱90毫升、大蒜2克、Tategi韩式辣酱2克、黑胡椒撒4次、辣椒粉撒4次、酒10克、香油5克。

蘸酱

"正泰苑"使用的烤肉蘸酱是将调制好的酱汁放置三天，在提供给顾客前，通过放入水果来增添清新感、汁水感，以及芳香味。将柠檬、苹果、生姜打成泥加入，酱汁会充满芳香味，口感清爽。搭配这种蘸酱的烤肉，让人一吃就停不下来。

■ 材料（准备用量）	
生姜	100克
柠檬	3个
苹果	2个
（A） 砂糖	2千克
红酒	0.6升
味淋	0.9升
水	1.1升
浓口酱油	3.6升
（成品用）	
放置待用的酱汁	1升
生姜末（用搅拌机打碎）	20克
柠檬	1/2个
苹果	1/2个

蘸酱套组

1人份的酱汁套组由刺身酱油、特制蘸酱和柠檬组成。酱汁也会装入容器摆放在桌上，便于顾客随时添加。

准备

Point 使用没有杂味的砂糖

1 将（A）的材料倒入锅中混合，充分搅拌至砂糖溶化。使用没有杂味的砂糖可以令酱汁的味道更加纯粹。

2 将切成片的生姜、柠檬、苹果倒入步骤1中，用大火加热。

3 煮沸后调成小火，再煮5分钟左右。

Point 将酱汁放置一段时间，可以使味道更加稳定

4 转移至珐琅容器中，常温下放置三天。过滤后备用。

完成

Point 过滤后的酱汁再次加入水果

1 蘸酱会在每天营业前根据需要完成制作。柠檬和苹果的酸味与清香，还有生姜独有的味道，可制作出清爽的酱汁。

Point 加入水果泥，打造"鲜榨感"

2 将柠檬果肉制成泥，可以增添酸味和清爽的香气。苹果也带皮削成泥。这种鲜榨感可以使蘸酱拥有新鲜的香味。

3 将制成泥的柠檬、苹果和生姜放入酱汁中，并充分混合。

4 静置三天的酱汁加入了清新的水果，可以使蘸酱的口感更加丰富。

盐烤上等牛五花肉

　　选取自牛肋脊肉的五花肉，蘸芥末与酱油食用，这道菜成为"正泰苑"的一个重要转折点。放上芥末后，烤肉会更加诱人。酱油推荐使用刺身酱油。预先调味的时候只使用盐，便可以激发出肉的香味。

芥末按照搭配一盘肉的量装在专用的密封小盒中，这样可以封存住芥末的香味与辣味。这里使用的芥末是现磨的山葵根茎与叶子的混合物，吃起来拥有咔嚓咔嚓的爽脆口感。

吃法

牛肋条

处理牛肋脊肉的过程中所切下来的肉质稍硬的部分，与零碎的部分合并在一起作为牛肋条提供。除了牛肋条之外，还包含了肋眼肉卷带侧肉、肋脊皮盖肉、副肋眼心，一共四种肉类，这是一道可以同时品尝到多种肉质的烤肉料理。根据各个部位的肉质来调整分切方法，下足功夫让肉变得易于食用。选择腌肉酱或盐来调味。

"正泰苑"的烤肉无论是用腌肉酱还是盐来调味，都需要腌渍入味。用盐来调味的话，为了不让味道出现落差，使用盐水加上酒、鲜味调味料、黑胡椒、蒜泥、生姜末、炒芝麻、葱花，充分抓拌至入味。抓拌好后，再在表面淋上香油。

上等牛五花肉

将三片肋眼心、两片肋眼肉卷带侧肉装入盘中即为上等牛五花肉。可以切出较大切面的肋眼心进行薄切，肋眼肉卷带侧肉则进行厚切，这样一盘肉不仅可以吃到两种部位，也可以品尝到不同口感。因为店内有一道盐烤上等牛五花肉，所以这道菜用酱汁进行调味。肉片不需要抓拌腌制，只要将肉片浸过酱汁即可，这样可以让顾客欣赏漂亮分布的油脂。

牛五花肉

将牛肋脊肉的肋脊皮盖肉和肋尖肉作为牛五花肉售卖。牛肋脊肉没有太多可以再细分的部位，所以很容易分切。上等牛五花肉选用的是软嫩的肋眼心肉与肋眼肉卷带侧肉，而普通牛五花肉选用的是肉质稍硬的肋脊皮盖肉和肋尖肉，这两个部位的肉品味道稳定，不会令顾客失望。选用酱汁进行调味。

上等牛腿肉

　　选用瘦肉中肉质软嫩多汁，而且没有什么特殊味道的下后腰脊三角肉。

上等草肚

　　用足量内脏用腌肉酱抓拌至顺滑光泽状，再用能够传达出酱汁美味程度的方式进行摆盘。因为草肚本身没有什么特殊气味，尝起来味道也比较平淡，所以搭配了风味浓郁醇香的内脏用腌肉酱。这个部位拥有筋道口感，剖上细细的花刀更加易于食用，也更容易蘸上酱汁。

盐烤伞肚

~加上魔法香辛料~

让伞肚成为更下酒的烤肉料理，基于这个想法而开发出来了这种香辛料。受到中国用在羊肉料理上的香辛料的启发，在辣椒粉或大蒜粉的基础上，加入了孜然粉、紫苏粉等具有特殊风味的调料来增添香味。孜然籽咬碎时会有一股清爽的香气在口中扩散，为筋道的伞肚来增添亮点。

烧烤方式

将伞肚摆在烤网的角落，烤干后再撒上香辛料增添香味。

大阪・鶴橋

海南亭

从超值午餐到佐餐葡萄酒
发展出以牛肩胛部位为代表的多彩菜单

　　金海博先生从上一代手中继承了此店。以极具个性的牛肩肉部位为主采购进货，巧妙构思将菜品编入菜单中，并大力推进店铺的改革，使顾客数量大幅增加，营业额也随之提升。时至今日，工作日中午可以翻桌两次，节假日可以翻桌三次。

　　牛肩胛部位包含了"牛肩颈肉、牛肩胛肉、牛腹肉、牛肋条、牛下肩胛肋眼心等部位"，从高性价比的超值午餐到含有高级部位的烤肉菜单，根据每个部位的肉质进行分切。在采购时会将照片提供给供货方，清楚告知需要适用于"海南亭"的肉品的分切方法，以及根据店主金海博先生喜好的油脂分布程度和肉质进行采买。

　　甚至会请供货方送来多达10块完整的牛肩胛部位，让拥有肉博士一级证书的金海博先生亲自鉴定挑选。有时也会亲自试吃进行挑选，不会只根据肉品的等级来判断。每个月按这种方式进行采购，以保证品质稳定。

　　店里所提供的佐饮葡萄酒套餐也很受欢迎，以拥有日本侍酒师证书的金海博先生为首，以及两位同样拥有侍酒师证书的员工，来为顾客推荐适合搭配烤肉套餐的葡萄酒。以将顶级葡萄酒倒入酒杯之中的按杯计费的方式进行销售，也俘获了许多葡萄酒爱好者。

店铺地址：大阪府大阪市天王寺区

店主·金海博先生

自1965年创立的烤肉老店"海南亭"的第三代店主。正式继承家业之后，就通过更新店内菜单、引进高性价比的午餐来提升顾客数量与营业额，并随之扩大店铺规模。店主拥有日本侍酒师证书，能够推荐适合的葡萄酒与烤肉搭配，追求烤肉的另一种享受方式。

牛肩胛肉

这个部位在日本关西地区多称之为"鞍下"，指的就是肩胛部位。可以分切出肉质特性不同的肩胛肉、腹肉、下肩胛翼板肉、牛肋条、肋眼心等，有分布着油脂的部位，也有瘦肉部位。店内根据各种肉质的不同分为近10种烤肉料理。

黑毛和牛A5

供应菜单

*各有"半份""单片"可供选择。

［进货］

肩颈分切为六块，从肩胛部位上面切下来的肩胛上盖肉分切为两块，分切后还剩余一块肩胛部位，一共将肩胛部位分切为九个部分。这些肉会在从屠宰日算起的一个月中，放在店内经过静置熟成之后再使用。因此，这些肉在未进行剔除筋和脂肪的状态下进货。照片（上图）为A5级别的栃木和牛，重量约为30千克。

金海博先生在分切牛肉时使用的刀没有经过开刃。因为顺着筋膜来分切，即可顺利分开，没有切割的必要。也会这样指导店内员工"拆解部位不是用刀切割"。

午间和牛烤肉套餐

将原本很难作为烤肉食材的肉质很硬的牛肩颈肉与肩胛上盖肉，用专用的切肉机进行分切并剞上花刀，作为一道可以品尝到牛肉鲜甜美味的，可以带来满足感的烤肉料理供应。牛舌40克、瘦肉120克，再配上米饭、汤、不限量的沙拉、三样小菜和甜品，而且饮料畅饮，这个套餐分量十足，受到来自当地以家庭为单位的顾客们的欢迎。

[分割]

分切成肩胛肉和下肩胛翼板内侧

1

将牛肋脊肉的一端朝向自己摆放，将手指插进肩胛肉和下肩胛翼板肉之间，将肉剥开。

Point 一边将肉剥开，一边用刀划入

2

将刀插进已经剥开的间隙内，沿着肩胛肉划开，将肉剥离下来。

Point 下肩胛翼板肉侧也剥离

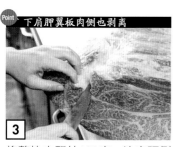

3

将整块肉翻转180度，让肩颈侧朝向自己，用手剥开肩胛肉和下肩胛翼板肉，把刀插进缝隙中。

4

这是重达30千克的大型肉块，从肩颈侧的侧面将肉剥离。

Point 两侧都划入刀，剥离两侧

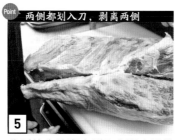

5

分别从牛肋脊肉侧和肩颈肉侧将肉剥离。

6

把剥开的侧面朝上，让肉块直立起来，将手插进下肩胛翼板肉和肩胛肉之间，把缝隙撑大。

Point 用刀子将紧贴的筋划开

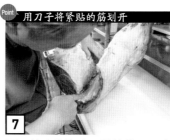

7

用刀从旁边协助，继续分开下肩胛翼板肉与肩胛肉。将肉剥离至接近牛肋条附近时，将肉恢复原本的位置。

8

连接着牛肋条的一侧也着手将肉剥离。这个地方稍微错综复杂一些，纹理之间的交界处并不明显。用刀抵在肉上面寻找，找出可以把肉剥离的地方。

9

锁定可以把肉剥离的地方，顺着与牛肋条之间的筋，将肉剥离。

Point 也从另一边将牛肋条剥离

10

将整块肉翻转180度，让肩颈侧朝向自己，用刀从肉与牛肋条之间的交界处划入。

11

一边拉起牛肋条，一边沿着肩胛肉缓缓将刀深深插进去，把肉剥离。

12

从四个方向划入刀，将肩胛肉和下肩胛翼板肉完全分离。因为肉块非常大，所以用这个方法十分有效。

[分割肩胛肉侧]

切下肋眼心

1

从牛肋脊肉侧切下肋眼心。将刀划入肋眼肉卷带侧肉和肋眼心之间的筋膜处。

Point 沿着肋眼心划入刀子

2

顺着肋眼心划入刀，转一圈，将肋眼心与肋眼肉卷带侧肉分开。

3

一边将肋眼心向上提起，一边用刀划开附着在肋眼肉卷带侧肉上的筋，取下肋眼心。

4

这是从肋眼肉卷带侧肉上面取下的肋眼心。牛肋脊肉侧的面积较大，肉质也较为软嫩。

分割肩胛肉

Point 切下肩胛肉上的一层薄肉

1

将肉翻转180度，让肩颈侧朝向自己。分切肩颈侧的肩胛肉。照片中的肩胛肉左边有一层薄薄的瘦肉。

2

割下这个瘦肉部分。肩胛肉上侧有个交界处，将刀划入此处，用手指插入将其拉开。

3

由于这部分有筋，所以需要一边用刀把筋割开，一边将肉从肩胛肉上面切下。然后作为瘦肉或牛肋条售卖。

Point 将肋眼肉卷带侧肉与肩胛肉一分为二

4

分切成肩颈侧的肩胛肉，与牛肋脊肉的肋眼肉卷带侧肉。

Point 根据粗筋进行分切

5

查看肩胛肉的断面，可以看到有条很粗的筋分布在其中。顺着这条筋进行分切。

6

将手插入筋的里面，可以轻松地将肉撕开。

7

撕到接近边缘的时候，改用刀将肉割开。

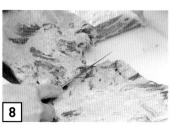

8

用刀切断。

9

将肩胛肉切成两部分以后的状态。

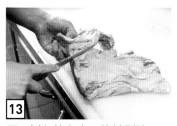

13

用刀划入筋之中，将其剔除。

Point 分为卷带侧肉与副肋眼心

1

将从肩胛肉上切下的肋眼肉卷带侧肉分成卷带侧肉与副肋眼心。照片中肉的左侧为卷带侧肉，右侧为副肋眼心。

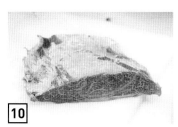

10

这是步骤5中上面的部分。因为没有筋分布于其中，所以分切之后作为"上等肩胛肉"售卖。

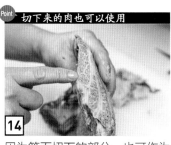

Point 切下来的肉也可以使用

14

因为筋而切下的部分，也可作为烧烤食材使用。可以切出适宜大小的切面，作为肩胛肉或牛肋条售卖。

2

卷带侧肉与副肋眼心之间的交界处有条筋。将刀插入这条筋里面，以要将副肋眼心挑出来一样的角度，划入刀。

11

步骤5的下半部分含有比较大的筋，要将其剔除。

15

肉质偏瘦、整体较薄的部分，可以切夹刀片，归类进"瘦肉"。

3

把肉平放，顺着肋眼肉卷带侧肉的弧线划入刀，切到边缘处时，用刀切断。

Point 为了不把肉烤稀碎，需要顺着筋剔除

12

用手指剥开有筋的地方，肉就会分离。要是直接烧烤的话，肉就会烤到散开。

4

在副肋眼心的下面还有一个可以切离的部分。有筋的地方就是肉质不一样的地方，所以要切除。

[分割牛肋条]

切下牛肋条

5

将卷带侧肉的一侧连接牛肋条部分的肉也切除。将刀划入该部分与卷带侧肉之间。

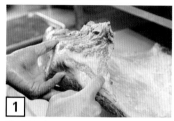

1

将连接着下肩胛翼板肉的牛肋条部分切除。锁定该部分与下肩胛翼板肉之间的大块脂肪处，将刀划入。

5

将牛肋条切下来，要保持完整的一片。

6

小心不要割伤卷带侧肉，仔细辨认出筋的位置之后，再仔细剔除。

> **Point** 将肉直立起来下刀

2

把肉直立起来，在步骤1用刀划入的地方，继续用刀向下将牛肋条切下。因为肉块的体积较大，用这样的方式比较容易操作。

6

从下肩胛翼板肉上面切下来的完整牛肋条。从这里开始将牛肋条一条条分离。

7

照片为卷带侧肉。肉质细致、脂肪分布漂亮。作为上等牛肉售卖。

3

在下肩胛翼板肉和下肋条之间较厚的脂肪中入刀，顺利将其分离。

> **Point** 徒手将牛肋条撕开

7

从牛肋条的根部部位上面，将牛肋条用手撕下。用手可以轻松撕离。

4

立着将牛肋条割离至边缘后，恢复平放状态，将牛肋条完全切离。

8

按同样方法将剩余的牛肋条全部撕离。撕完后根部还有肉，也可以作为牛肋条使用。

[分割下肩胛翼板肉]

切下下肩胛翼板肉

9

呈山形的牛肋条，用手指插入中间，纵向撕开。

1

这是切除牛肋条之后的下肩胛翼板肉。下肩胛翼板肉这个部位在日本关东地区被称为"坐垫"。因为形似坐垫，所以叫这个名字。

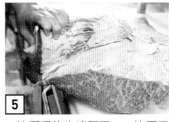

5

一边用手将牛峰翻开，一边用刀划入，顺着筋将牛峰切除。用手拉着牛峰的肉，肉之间的交界处很明显。

10

将撕剩下的牛肋条根部上面附着的脂肪剔除。

Point 将背面的一层薄肉切除

2

察看肩胛内侧，可以看到中间分布着脂肪，上面附着着一层薄肉。这层肉可以切下来作为肩胛肉使用。

Point 切在脂肪中间

6

如果划入刀后看到肉，就代表偏离了肉之间的交界线，一定要确保刀保持在脂肪中间。

11

这是切下来的牛肋条。7条牛肋条加上1整条根部部分。

3

将刀划入脂肪之间，用手将薄肉剥开。然后，就会找到"肉与肉之间的交界线"。

7

切至下肩胛翼板肉的边缘处，转至从肩胛肉侧下刀。

12

除了步骤11之外，分切肩胛肉切下来的一些肉，无法切出适宜大小的切面的部分，也归类为牛肋条。

Point 将附着在下肩胛翼板肉的牛峰切除

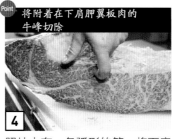

4

照片中有一条弧形的筋，将下肩胛翼板肉与牛峰（筋上面的肉）分开。将食指戳进去把肉剥开。

8

紧紧附着下肩胛翼板肉的地方也仔细用刀划开，顺利将其分离。

分割牛峰

9

沿着步骤6所切下的地方继续用刀划开。

1

这个部位也称为牛肩峰。有筋分布于其中，肉的纤维也错综复杂。首先要将其中有筋的部分切除。

5

牛峰的前端有筋分布，将肉分成两部分。顺着筋将肉分切下来。

10

切下来的牛峰与下肩胛翼板肉。牛峰属于瘦肉比例较高的部分，所以作为肩胛肉使用。

Point 将不易使用的部分切除

2

顺着筋将刀划入，将形状不完整且不利于分切的边角部分切除。

6

将牛峰直立起来，沿着筋垂直切下去。

Point 从下肩胛翼板肉切下特上等部位

11

下肩胛翼板肉是一个无论怎么切都可以切得漂亮的部位。店内将中心部位切成特选下肩胛翼板肉与盐烤厚切里脊，左边部分切成上等无骨牛五花肉，右边部分切成特选无骨牛五花肉，一共四种商品。

3

接着继续分切易于切出适宜大小的切面的部分。

Point 切除的边角肉用来煮汤

7

这是牛峰分切完的状态。将各个部位周边的油脂剔除干净，作为"上等牛肩胛肉"售卖。最刚开始切下的边角肉部分，作为汤品的食材灵活应用。

4

先将容易切下的部分切下来。察看肉的纹理走向，在纹理改变的地方下刀。

薄切肋眼心

1

处理肋眼心。周边有一层用手也能剥离的脂肪，将其剔除。

2

作为肋眼心售卖的是切面较大的部分，约为自切面最大部分开始的2/3。剩余的1/3部分作为上等牛腹肉售卖。

Point 切面较大部分薄切

3

薄切成圆片。由于这个部位的脂肪分布很美，所以垂直将肉分切成薄片。

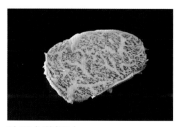

肋眼心薄切片

如果切得太厚的话，上面的脂肪会让人觉得腻，所以进行薄切。

分切上等牛肩胛肉

Point 瘦肉比例多的部位作为肩胛肉售卖

1

将肩胛肉中瘦肉较为漂亮的部位作为上等牛肩胛肉售卖。

Point 计算一片肉的大小后再进行分切

2

为了避免切好的肉太小，需要观察整体切面的大小与纹理走向后，再分切成块。这个部位切成四块。

3

剔除多余的脂肪。由于是瘦肉部位，脂肪无须剔除得太过干净，需要稍微留一些。

4 Ⓐ

分切瘦肉时，要比肋眼心肉片切得更厚一些。

分切上等牛腹肉

Point 从卷带侧肉上面切下腹肉

1

肋眼肉卷带侧肉部位也有脂肪分布于其中。将从肋眼肉卷带侧肉切下来的卷带侧肉作为腹肉售卖。切下上方尖角形状的部分，调整肉的形状。

2 Ⓑ

由于肉的纹理走向平整漂亮，所以垂直分切。因为有脂肪分布，所以要切得薄一些。

Ⓐ 上等牛肩胛肉切片

瘦肉较多的部分，为了让顾客能够充分尝到它的美妙口感，所以切得稍厚一些。

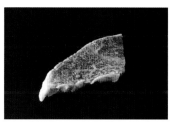

Ⓑ 上等牛腹肉切片

将肉质软嫩的肋眼肉卷带侧肉部位作为上等牛腹肉售卖，这部分要薄切。

分切肩胛肉　　　　　分切牛肋条

1 将肩胛肉中肉质较硬的部分作为"瘦牛肩肉"售卖。将周边附着的筋与脂肪剔除。

Point 切夹刀片

2 由于肉质较硬且口感筋道，因此要切得极薄。因为切面较小，所以切夹刀片。

3 切好展开铺平。当要切的肉块太小时，就用这个方法，可以增加肉片的切面大小。

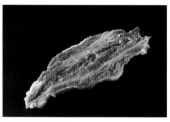

瘦牛肩肉切片
将切下的肉摊开，就能增加肉的面积。因为肉质较硬，所以要切得很薄。

1 将牛肋条表面的筋和脂肪尽量剔除。如果有残留的话，会影响口感，需要仔细处理干净。

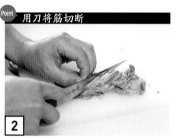

Point 用刀将筋切断

2 牛肋条里的筋像千层派一般分布。如果把筋全部剔除的话，就会降低肉的利用率，所以通过划入刀纹把筋切断，使肉变得更加易于食用。

3 双面都斜划上细密的刀纹，不可将肉切断。

4 一条牛肋条切成四段。每段20~25克，这是可以品尝其美味的大小。

5 将肉对折，就会看到深深的刀纹，以这样的形状摆盘。

Point 划入刀纹让肉更容易入味

6 在牛肋条的根部部位也同样斜划上刀纹，可以使酱汁渗入肉里面。

7 分切成和步骤4一样的大小。

牛肋条切块
通过双面划入刀纹的方法，可以令遍布筋与脂肪的牛肋条易于食用。因为这个部位无论怎样剔除，都会有筋存在，所以用这个方法就不会浪费肉。

分切上等无骨牛五花肉

Point 察看下肩胛翼板肉的断面
再进行分切

1

下肩胛翼板肉的边缘厚度变薄，没办法切成有棱角的方形肉块。将这个部分切下来作为特殊切法的上等无骨牛五花肉售卖。

2

在中间可以切出方形肉块的地方下刀，和外侧的肉块分开。

3

边缘的肉块先切成100克大小。店内一盘肉的分量为100克。

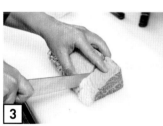

4

每块再分切成三等份的方块状。

Point 像剥开肉那样，把肉摊开

5

从切成方块状的肉的一侧下刀，再划向底部，切成厚度均匀的肉片。

6

用相同的方法将肉都切好。

Point 在摊开的肉片上划上刀纹

7

为了防止肉片在烧烤时卷缩，要在肉片上斜划上刀纹。

上等无骨牛五花肉切片

重点在于将肉块切成片时，保持相同的厚度。只要使用这个方法，任何形状的肉都可以切出形状适宜的肉片。

调味

"海南亭"供应的料理会在菜单上明确标出是用腌肉酱还是盐来调味。省去顾客挑选调味酱料的麻烦，也可以避免造成点餐时的混乱局面。蘸酱是在用昆布熬制的基底酱汁里，加入了醋和苹果醋制作而成。

腌肉酱调味

用昆布熬出高汤，再加入酱油、黄砂糖、味淋、酒，加热至沸腾，冷却后成为基底酱汁。使用的时候，加入蒜泥与生姜。将肉浸泡在足量的腌肉酱中，腌渍入味。

盐味调味

事先准备好由蒜泥、生姜、盐、胡椒、鲜味调味粉制作而成的"蒜盐"，接到顾客点餐之后，再将"蒜盐"和香油一起混拌在肉上进行调味。

蘸酱

以昆布高汤作为基底，加入醋和苹果醋、酱油、黄砂糖后，加热至沸腾。冷却后，加入蒜泥与生姜泥来增添风味，最后再过滤。盛入小碟中，加入少许葱花后，提供给顾客。

分切特选下肩胛翼板肉

1

作为特选下肩胛翼板肉售卖的是脂肪分布最漂亮与肉质纤维最细腻的中心部分。切掉作为牛五花肉使用的部分之后，剩余的中心部分切成三大块。

2

一人份的肉为100克，有5片。先将肉块以100克为基准分切成段，处理掉筋和脂肪后再切成五等份。

改变分切方法，增添变化

1

"盐烤厚切里脊"的肉也是从下肩胛翼板肉分切而来的。将肉切成长条状，用盐调味，这样可以与"下肩胛翼板肉"进行区别。

2

将肉块切成100克的方形厚片状后，察看肉的断面，在垂直于纹理的状态下，以相同的厚度进行分切，将肉切成长条状。

分切特选无骨牛五花肉

Point 使用形状不规整的部分

1

使用与"上等无骨牛五花肉"相同的切法。不用注意切面。

2

切成一人份用的两大片肉，以此来和"上等无骨牛五花肉"进行区分。

3

由于需要切成一片50克的大片肉，所以先切成50克的方形肉块。要明确地切出边缘棱角，这样才能在之后切成漂亮的肉片。

Point 以相同的厚度切开肉片

4

从方块状肉的一侧下刀，将刀划入至底部，但不将肉切断。

5

转动肉块，继续用同样的方法切开肉块。

6

仔细地切至肉中央。重点在于要以相同的厚度进行切割，还要注意不要把肉切断。

Point 划上刀纹，将肉摊开

7

在肉上划出刀纹，调整每一片肉的形状。划入刀纹不仅可以让肉更加入味，还可以让肉更容易烤熟。

特选无骨牛五花肉切片

原本牛五花肉多用胸腹肉，但店家本着要"集中使用肩胛里脊"的想法，希望可以改变顾客的既定印象，所以切成这样的形状。

盐烤厚切里脊（背脊）

　　使用下肩胛翼板肉中脂肪分布漂亮的部分，并进行厚切。下肩胛翼板肉可以分切成四道烤肉料理，大大增加了菜单的丰富性。用盐调味时，会事先制作好由大蒜、生姜、盐、胡椒、鲜味调味料混合而成的"蒜盐"，接到顾客点餐后，再将蒜盐与香油混合，涂抹在肉上面。这样做可以避免味道出现落差，同时也更为省力。还会附上芥末。

牛肋条

　　运用独特的分切方法切出形状像冒号一样的牛肋条切片。牛肋条是筋较多的部位，如果将筋全部剔除的话，就会令肉变得零碎而造成浪费，整体的使用率也会变低。因此，在分切时划入深深的刀纹将筋切断，下足功夫令肉更容易食用。事先调味时，不需要抓拌，而是将肉浸泡在足量的腌肉酱里，让酱汁能够从刀纹处渗入肉中即可。

上等无骨牛五花肉

　　说起牛五花肉，许多顾客就会联想到带骨牛腹肉。因此，店家特意在料理名称里强调这是一道"无骨"的牛五花肉料理。由于方块肉的形状与带骨牛五花肉很像，所以在切割处理时，将肉切成可以摊开的一片，呈现出长度与分量感。虽然是下肩胛翼板肉里面肉质较硬的部分，但只要划入刀纹，就能让口感变得柔软。

特选无骨牛五花肉（背脊）

　　为了与"上等无骨牛五花肉"进行区分，选用了下肩胛翼板肉里面肉质相对更好的部分。切割后摊开的肉片比"上等无骨牛五花肉"还要长和大，50克一片的肉在分量上也更显充足与魄力。将肉片摆放在木盒里，增添了些许高级感。烧烤后再自行用剪刀剪成适合的大小。这两种无骨牛五花肉都是用腌肉酱进行调味的。

特选下肩胛翼板肉（背脊）

　　使用下肩胛翼板肉之中最漂亮的部分，是最高等级的烤肉。金海博先生在挑选下肩胛翼板肉时，最重视下肩胛翼板肉的脂肪分布情况。会仔细察看瘦肉之中是否恰到好处地分布着脂肪，肉质是否紧实等。在这样的严选之下，挑选出来的大多是牛肉脂肪混杂基准为10左右的肉品。"下肩胛翼板肉"切得棱角整齐，看上去很漂亮。

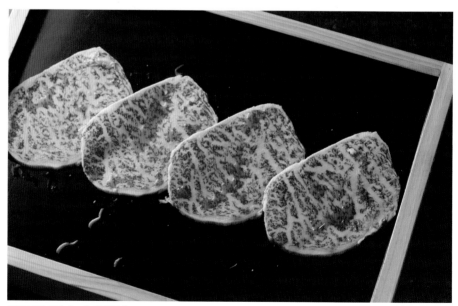

薄切肋眼心（背脊）

　　肋眼心也是进货时备受重视的一个部位。分切时为了充分展现出断面漂亮的脂肪分布，选用了薄切。为了口感更顺口，会将周边的筋和脂肪剔除干净。在调味时如抓拌腌制，就会破坏肉的形状，因此将腌肉酱淋在肉上少许即可。

上等牛腹肉（腹肋）

将牛肋脊肉侧的肋眼肉卷带侧肉、含有脂肪的卷带侧肉作为"上等牛腹肉"售卖。为了能品尝出软嫩肉质里的脂肪香味与鲜味，选择切成具有一定厚度的肉片。肉质稍微硬一些的部分，则划入刀纹，保持口感一致。

上等牛肩胛肉（背脊）

虽然是取自肩颈肉侧的肩胛肉，但这道料理使用的是瘦肉比例较多的部分，以此来与"上等牛腹肉"进行区分。

瘦牛肩肉（肩肉）

选用从肩颈侧下肩胛翼板肉切下的牛峰肉。可以享用到没有脂肪分布的清爽瘦肉风味。由于这个部位的切面不够大，所以切夹刀片再摊开，这样可以形成较大的切面。因为肉质偏硬一些，所以选用薄切。

特选六品拼盘

- 特选后腰脊肉（西冷）
- 特选菲力
- 特选下肩胛翼板肉
- 特选牛五花肉
- 特选牛肋脊肉
- 特选肩胛三角肉

以上内容为一人份
*照片为双人份

这是为了想要多品尝几种口味的
顾客开发的菜单。这样的拼盘有
两个等级，另一个价格更实惠的
是上等部位拼盘"上选六品拼
盘"。在分切肉品方面下足工
夫，根据肉品各自的特征，调整
分切时的厚度、大小以及是否划
入刀纹等。

特选牛肉盖饭（肉脂）

特选菲力

高档牛用选翼板肉

特选牛肋脊肉

特选牛五花肉

建于地下室的酒窖常年保持300瓶酒的库存。店主金海博先生和另外两位拥有侍酒师证书的员工，会为顾客推荐适合搭配烤肉的葡萄酒。店家还准备了八道料理来搭配八款葡萄酒的套餐。另外，也将顶级葡萄酒，以倒入酒杯、按杯计费的方式进行售卖，大大增加了在店内享受烤肉的乐趣。

烧肉乙酱

总店

将购买的一整头牛彻底分切后售卖
用毫不浪费的技巧实现高性价比

店铺位于东京鲛洲地区，远离市中心，距离最近的车站也需要步行10分钟。店内有88席座位，整日座无虚席。创业40多年的肉品经销商乙川畜产，于2013年开创了此烤肉店。

正因为店家对于挑选肉品有着精准的眼光，所以在进货时，不会拘泥于肉品的品牌和产地，只注重肉质。所选购的是黑毛和牛A4以上的雌牛。在总公司根据部位进行分切与储存，在几乎处理干净的状态下进行真空包装，再运到分店。购买一整头牛的话，很容易造成受欢迎的部位卖得好，其他部位卖得不好的情况。

但是店家把一些筋较多、肉质较硬的部位，利用刀工技巧展现出该部位本身的优点，将其整治成极具魅力的烤肉食材。如筋较多的肩颈肉或牛腱肉等部位，也都可以用刀工将其变成美味的肉品。之所以能将一整头牛售罄，不仅仅是因为极佳的肉质，也是因为这种能令"无论哪个部位都好吃"的超高技术。

店铺地址：东京都品川区

经理·矢壁正行先生

从售卖画框的销售员转行投身到烤肉界。在有名的烤肉店积累了经验后，成为"烧肉乙酱"的经理。将卓越的想法与技术彻底运用在一整头牛的分切上。

牛肩胛

在店内先分切成每份3千克，这样容易处理和储存。先分切成下肩胛肋眼心和肋眼肉卷带侧肉两个部分。肋眼肉卷带侧肉要剔除多余的筋和脂肪，然后卷成圆柱状，采用这样的做法就不会产生多余的边角肉。下肩胛肋眼心作为特上等牛肩胛肉售卖，照片中的肉是A4等级的栃木和牛雌牛。

黑毛和牛A4·A5

供应菜单

[分割]

切下下肩胛肋眼心

1 切除附于肩胛肉上侧的脂肪。之后还会再做清理，所以此处大致剔除即可。

Point **用手把筋剥开，切下肩胛肉**

2 用手剥开下肩胛肋眼心与肋眼肉卷带侧肉，从有粗大筋分布的地方开始分开。

3 另一侧用刀划入下肩胛肋眼心与肋眼肉卷带侧肉之间，一边向外拉一边用刀将下肩胛肋眼心割离。

4 将整个下肩胛肋眼心完整切开。

调整肋眼肉卷带侧肉的形状

1 切下下肩胛肋眼心之后，将残留的脂肪与筋剔除干净。

2 一边切除厚厚的脂肪，一边调整成容易卷起来的形状。

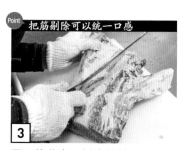

Point **把筋剔除可以统一口感**

3 用刀将分布于其中的筋剔除。

4 剔除至照片所示的程度。脂肪留下少许也没关系。

[分切]

Point 调整肋眼肉卷带侧肉的形状

5

将清理完成的肋眼肉卷带侧肉摊开，从侧边将肉卷起来。

下肩胛肋眼心

1

巧妙运用下肩胛肋眼心原本的形状进行分切。一开始先将残留在表面的筋与脂肪剔除干净。

肋眼肉卷带侧肉

1

使用之前先进行半解冻。需要注意的是，如果过度解冻的话，肉就会散掉。

6

将肉卷起来后，用手牢牢地将其压实成圆柱形。

2→Ⓐ

切成大片的肉片，以四片共90克为基准进行分切。

2→Ⓑ

从其中一端开始薄切。

7

用保鲜膜将卷好的肉牢牢地包裹起来。将外形零散的部分调整成这个形状，可以让切面变大。

Ⓐ 特上等牛肩胛肉切片

厚度视切面大小而定，拥有软嫩肉质与恰到好处的脂肪分布。

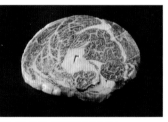

Ⓑ 肋眼肉卷带侧肉切片

只要采用这个方法，就连原本难以切出大片肉的肋眼肉卷带侧肉部位，也能切出大片的肉。

Point 冷冻来固定肉的形状

8

在圆柱形中间切一刀，再用保鲜膜包好，冷冻一晚上。

肩胛
三角肉

由于外形很像栗子，所以日文名称为"栗"。位于肩胛至上腿部的位置，脂肪较少，但却能品尝到瘦肉的风味与多汁，又能感受到肉质扎实的满足感。中间有条粗大的筋，沿着这条筋进行分切处理。

黑毛和牛A4·A5

供应菜单
肩胛三角肉　　　　　　　▶64页

分切成三等份

Point 沿着肉中的筋下刀

1 照片中的肩胛三角肉是半头牛的肉，约为2.3千克，这是完成清理的状态。自上而下入刀，划向内部横向分布的筋。

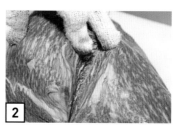

2 划入刀后，就能看见里面的筋，沿着筋切。

3 改变肉的摆放方向，横向沿着粗大的筋划入刀。

Point 一边沿着筋下刀一边把肉摊开

4 继续沿着筋切。

5 沿着筋切下后半部分肩胛三角肉。这个部分的肉质十分软嫩。

6 延伸至前端部分的筋会渐渐变薄。反手握刀将肉割开。

7 一边用手拉着已经切开的肉，一边继续下刀，将前端部分完全割开。

8 沿着粗大的筋将肉分切成三大块。残留在表面的筋经过烧烤后不会太难咬，所以保留原样即可。

1

垂直于肉的纹理下刀，斜切成带有厚度的大肉片。以四片共90克为基准进行分切。

Point 将肉看作花瓣

2

将分切好的肉片，以边缘稍微重叠的方式摆成一列。

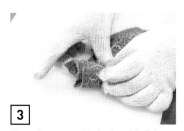

3

从叠在最下面的肉片开始卷起。卷完所有肉片后，将肉垂直立起。

4

卷成花朵的形状，调整作为花瓣的肉片形状，摆放到容器之中。

调 味

　　为了让顾客享受到牛肉本身的美味，事先调味时只要激发出牛肉的鲜美味即可。餐桌上备有白蘸酱和黑蘸酱两种，还备有柠檬汁和韩式辣酱，可以根据自己的喜好添加。

事先调味的方法

腌肉酱准备了酱油腌肉酱和味噌腌肉酱两种，可以由顾客自行挑选。但是，优质的肉大多还是会向顾客推荐用盐调味。无论哪一种调味酱都不会抓拌，只需将盐撒上，或者是将腌肉酱盛在盘子上即可。使用的盐是海盐与烟熏盐的混合盐。不需要撒胡椒。

腌肉酱

酱油腌肉酱是将酱油、酒、砂糖混合之后加热，静置一晚让味道稳定下来再使用。接到顾客点餐后，再加入蒜碎、白胡椒做最后的提味。味噌腌肉酱是由白味噌、韩式辣酱、砂糖、酱油、香油混合而成。

蘸肉酱

餐桌上常备有几种蘸酱。白蘸酱是在酱油腌肉酱里加入了梨和白桃，用搅拌机打匀后过滤而成。黑蘸酱也是以酱油腌肉酱为基底，再加强了大蒜风味而成。有甜味的白蘸酱更适合儿童，顾客可以根据自己的喜好分开使用。柠檬汁与韩式辣酱也可以组合使用。

前胸肉

　　属于肩胛腹肉的一部分，肉质较硬且筋较多。常用于炖煮。但只要细细剖上花刀，也能在烤肉料理中使用，可以品尝到香醇的牛肉风味。因此，店家在肉的分切上下足了工夫。不仅有薄切肉片，还有厚切肉块售卖。

黑毛和牛A4·A5

供应菜单

前胸肉　　　　　　　　▶64页

牛排式厚切

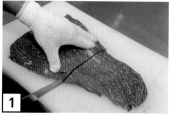

1

具有厚度的部分进行牛排式厚切处理，较薄的部分进行烤肉式的分切处理。将表面的筋剔除干净，洗净后切成厚薄两部分。

2

按照纹理横向摆放，用一人份约90克的基准进行分切。

Point 深深划上格纹刀痕，使肉变软

3

让刀与肉的纹理斜向交错，剖上花刀。刀纹的深度为肉的2/3。

4

剖上花刀可以让肉吃起来更软嫩。

烤肉式薄切

1

因为肉的切面不是很大，所以下刀时尽可能与纹理垂直，斜着分切。

Point 用刀背进行敲打

2

用刀敲打，可让肉质变得更软嫩。记住是用刀背，细密地敲打。

烤肉式切片

虽然是薄切，但仍然能感受到肉的鲜美滋味在口中扩散。这是用刀背将纤维敲断了的缘故。

牛排式切块

即使是3~4厘米厚的肉块，也可以通过剖上花刀的方法使肉变得易于食用。

肩颈肉

　　牛的肩颈部位肉质较硬而且有筋，但是有着浓浓的鲜味，大多用于炖煮料理。为了将这个部位用在烤肉料理中，店家在切法上下足了功夫，通过切出刀口的方法，将筋切断。

黑毛和牛A4·A5
供应菜单
牛肩颈肉　　　　　　　▶65页

1 在分割部位的时候已经完成了清理工作，只需要再将表面的筋割掉即可。

Point 利用肉品本身的细长形状切成长条

2 纵向切成三等份的长条状，然后再继续分切成块。

3 倾斜刀身划入刀纹，斜着切断筋，另一面也用同样的方法划上刀纹。刀纹的深度为肩颈肉厚度的1/3。

肩颈肉切块
进一步将肩颈肉切成一口的大小。这样切的话，切面会比一般切法要大，更易烤出香味四溢的烤肉。

牛腱肉

　　日文称为"千本筋"的牛腱肉恰如其名，是分布着许多筋的小腿部位。筋的胶质鲜美可口，风味十分浓郁。将其切成极薄的肉片，可以作为烤肉料理的食材使用，因此店家会先进行冷冻，将肉冻硬后再手工切成薄片。

黑毛和牛A4·A5
供应菜单
牛腱肉（小腿）　　　　▶65页

Point 将肉冻硬之后就变得好切

1 切片前先将周边的筋剔除。

Point 垂直下刀，切断肉的纤维

2 垂直于牛腱肉的纹理下刀。需要注意的是，如果倾斜刀身斜切的话，会让筋变长而不容易咬断。

牛腱肉切片
切成极薄的肉片，这样可以降低筋的存在感，可以让顾客细细品味牛腱肉的独特口感。

牛舌

牛舌使用的是日本产牛舌与美国产牛舌。日本产牛舌是店内的招牌商品之一，还会不定期在顾客面前展示分割处理过程。按照舌根、舌中、舌心进行分割处理后，再售卖。舌尖肉不适合烧烤，可制作成炖牛舌。

日本产
供应菜单

炖牛舌

将牛舌尖冷冻保存，累积到足够的量之后，可以制作成炖牛舌，作为特别菜单供应。加蔬菜慢慢熬煮出来的牛舌具有浓郁深厚的风味，成为一道人气料理。搭配上煮熟的蔬菜与法棍面包一起售卖。

牛舌的处理

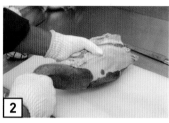

1 因为与喉咙连在一起，所以要沿着喉咙的软骨下刀，将喉咙切除。

2 新鲜的牛舌肉呈收缩状态，为了将舌皮轻松剥除，将牛舌摔向案板2~3次，让牛舌肉松弛下来。

3 剥除舌皮。按照上侧、下侧、两侧的顺序剥掉舌皮。一边用手拉着剥下的皮，一边用刀划入，会更容易剥。

舌心

Point 切除粗大的血管部分

1 切下位于牛舌下侧的舌心。中间有粗大的血管，以其为基准下刀。

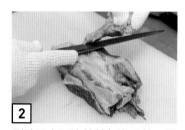

2 剔除舌心周边的筋与淋巴结，调整形状。

3 剩下的部位具有独特的爽脆口感，因此进行薄切。

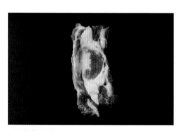

舌心切片
这个部位以独特的口感与浓郁深厚的香味而备受喜爱。切成易于食用的薄片。

舌根

1

舌根部分选用厚切的方法。拼盘用的肉片切成每片50～60克，单点用的肉片则切成100克的薄片。

2

为了增添外观上的变化，以及让肉易于烤熟，在厚切肉片上剞上花刀。

3

刀纹深度为肉片厚度的2/3。

4 ⓑ

用手调整分切好的肉片形状，将切口稍微翻开，摆入盘中。

舌中

5 →ⓐ

牛舌厚切至凹陷处后，改为薄切。牛舌的断面是瘦肉的风味。

ⓐ **薄切片**

舌中部位的薄切片。有筋道的口感，与舌心相比有别样的美味。

ⓑ **厚切片**

舌根部位的肉片有极佳的爽脆口感与多汁感，是其魅力所在。

牛舌尖的活用方法

炖牛舌

　　将牛舌尖煎至上色后，再与炒过的洋葱、胡萝卜、芹菜一起放入高压锅中。然后，加开水煮至软烂。再将蔬菜搅打成泥，与汤汁、番茄酱等调味料一起再次炖煮牛舌。

1 将牛舌尖煎至上色。

2 和蔬菜一起放入高压锅中煮。

3 将煮熟的蔬菜打成泥。

4 加入蔬菜泥和调味料后炖煮。

内横膈膜肉

这是横膈膜中向下垂吊着的部位。虽然外横膈膜肉更受欢迎，但就肉质而言，内横膈膜肉质更佳。中间部分有着被称为"鬼筋"的大片筋，以这片筋为分界线，将肉进行分割处理。这片筋也作为稀有部位售卖，作为内行食客才知道的菜品接受预约。

日本产

供应菜单

切下筋

Point 以大片的筋为分界线来切分

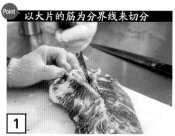

1 把周边的筋与脂肪剔除，从中间大片筋入刀，顺着筋切开。

2 筋不是直线分布的，要沿着筋的走向，切下一边肉来。

Point 切除粗大的血管

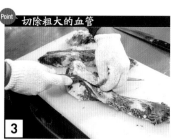

3 沿着筋再切下另外一侧肉。

4 分成两块肉和筋。

分切肉与筋

与肉的纹理呈垂直状下刀，斜切成有厚度的肉片。

内横膈膜肉切片
这块没啥异味，油脂含量适中，比外横膈膜肉少，价格更贵一点。

分切筋

肉筋富有弹性，划上刀纹更容易吃。

内横膈膜肉筋切片
这块非常筋道，只有那些会吃的顾客才懂得享用，数量少，需预订。

特上等牛肩胛肉

　　直接根据下肩胛肋眼心的形状分切而成的特上等牛肩胛肉。分布着适当的脂肪，切出来的断面也十分美丽。考虑到肉质十分软嫩，切成略有厚度的肉片，为了充分利用食材本身的风味与香气，事先只用盐调味。不需要撒胡椒。

肋眼肉卷带侧肉

　　将这个覆盖住下肩胛肋眼心的外侧部分，作为肋眼肉卷带侧肉售卖。牛肩胛肉部位零散的部分比较多，一散开就会支离破碎。将其调整成圆形，不但在烤时不易碎掉，还可以切成较大的切面。独特的断面也能引起顾客的兴趣。

肩胛三角肉

在单点的摆盘方面下足了工夫。将有着漂亮瘦肉的肩胛三角肉切成片，以四片为一组卷成花朵的形状，再进行摆盘。风味浓郁的肩胛三角肉和腌肉酱十分相配。需要注意的是，为了不破坏肉片的漂亮色泽，先将腌肉酱淋在盘子上，再把肉摆放上去。

前胸肉

因为前胸肉的肉质瘦而且较硬，所以必须划上刀纹或者用刀把肉敲打松。划入刀纹不但可以让肉更易于食用，还可以品味到牛肉的鲜美。将几乎没有脂肪分布的鲜红瘦肉卷成花朵的形状，更能衬托出色泽的美丽。只用盐调味，可以激发出牛肉本身的鲜香。

牛肩颈肉

这块肉风味鲜美但肉质较硬，所以一直以来很少出现在烤肉菜单上。店家将肩颈肉的两面都划上深深的刀纹，作为烤肉食材供应。两面都划上刀纹的独特切法，让顾客在享用时不会注意到肉质的硬度。实惠的价格也使肩颈肉成为最受欢迎的料理之一。

牛腱肉（小腿）

将肉切得极薄，变得更加易于食用。就像日语中"千本筋"的叫法一样，这个部位有许多筋。但是一经烧烤就变得鲜美无比，一咀嚼香味就会在口中扩散开来，十分好吃。只用两种盐调味即可。

日本产牛舌拼盘

将具有高度稀有性的牛舌分切成三部分，组合成一个拼盘，让顾客可以同时品尝比较各自风味与口感的不同。由于一盘就可以享用到厚切舌根、薄切舌中及舌心的美味，所以这道料理的点单次数也很多。

厚切日本产牛舌

以一人份100克进行分切。分量切得比单点要厚而且更充足。仔细剞上花刀，让肉更容易烤熟，也能将表面格子状的切口烤得更酥香，而且内部软嫩多汁，同时可以品尝到双重层次的美味。

日本产上等内横膈膜肉

一头牛身上就只能取得一条肉，稀有程度比外横膈膜肉更高。为了让顾客能享用到恰到好处的筋道口感，将肉片切得稍厚一些。因为肉质风味较为清淡，所以选用口味较浓郁的味噌腌肉酱。将腌肉酱铺在盘子上面，再摆放上肉片即可。

珍品内横膈膜肉筋

内横膈膜肉本身就十分稀有，分布在其中的肉筋更是一种珍稀食材，因为售卖时间不定，甚至有顾客喜爱到会特意打电话事先预订。为了要让这种具有嚼劲的特殊食材更易于食用，需要事先在上面划上刀纹。

东京·池袋

元祖浇淋酱汁
花切烤肉

池袋总店

将豪迈的烤肉块以
"元祖浇淋酱汁"进行熏烤
这道烤肉料理作为招牌
使该店成为生意兴隆的人气店铺

　　店主洪彻秀先生曾在烤肉店工作很长时间，于2015年4月在池袋开店自立门户。店内使用的"元祖浇淋酱汁"已经进行了商标注册，作为店内的秘密武器。这家烤肉店每日座无虚席，开业第二年便开设了分店。

　　当初，店主还在摸索以何种料理作为店内的招牌时，从员工们吃的烤鸡肉串上得到了灵感，于是就有了这个"浇淋酱汁"。如同裹上酱汁烤的鸡肉串那样，以同样方式淋上酱汁烤肉。酱汁滴落到炭上会升起白烟，这正是炭火烤肉的魅力之处，将烟熏香气与烤肉香气直接呈现在顾客面前。

　　洪彻秀先生将在多年烤肉店积累的经验运用在了酱汁与肉的品质方面，同时不断追求独特性。浇淋酱汁搭配上长达40厘米的花切外横膈膜肉条、牛五花肉，或是一片180克的大片后腰脊肉（西冷）等充满魄力的牛肉进行烧烤。还包括仔细划上刀纹、以大肉块的形式供应的牛舌，还有许多具有话题性的菜品。伴随着食客们愉快的聊天，店员将这些牛肉进行烧烤。烤肉时不断上升的白烟营造出热烈的氛围，加上店员提供烤肉服务，让众多顾客成为这家店的忠实粉丝。

店铺地址：东京都丰岛区

店主·洪彻秀先生

店主从之前工作的烤肉店学到了肉品知识、烤肉技术，再加上具有高度表演性的、令人印象深刻的烤肉风格，打造出这家生意兴隆的烤肉店。

牛舌

　　将一个牛舌只能切出一份的舌根制作成"超厚切上等牛舌块"售卖。切下舌根之后，再朝舌尖继续切下作为"盐烤上等牛舌""盐烤牛舌"的牛舌切片。处理牛舌的时候采用了将周边剥去一圈的独特切法，只使用牛舌中部美味的部分售卖。牛舌进货时就已剥除舌皮。

日本产·美国产优质牛舌

供应菜单

舌根

1

先切下用于"超厚切上等牛舌块"的舌根部分，以一块200克的分量售卖。店内选用的牛舌是在切除舌心的状态下进货的。

> **Point** 切除周边的肉，统一口感

2

牛舌只使用中间的部分。将舌根周围带有瘦肉的部分一起切除。附着于舌心的部分也大范围切下。

3

一边调整形状，一边将周边的肉切除。

4

仔细地剔除残留在表面的筋。烤肉时会影响口感的部分也需要剔除干净。

> **Point** 划入刀纹，使肉更容易烤熟

5

因为是一大块肉直接烧烤，所以要在上面划上深深的刀纹，让肉块的内部也可以烤熟。在4～5毫米的间隔下，垂直划入深深的刀纹，但不能将肉切断。

6

从边缘开始，等距划上刀纹。

7

将肉块翻面，刀身与已经划入的刀纹呈90度，在背面也划上刀纹。

8

通过改变正面与背面刀纹的角度，在划入深深刀纹的情况下，也可以保持肉不散掉。

1

由于刀纹的深度很深，为了不让肉散掉，只在肉的表面进行调味。因此，调味要略重一些。

2

用蒜泥、香油、调味盐、大蒜粉进行调味。调味盐是由盐与白胡椒混合而成的。

Point 为了不让肉散掉，
只在表面进行调味

3

将调味料混合好后，裹在牛舌的表面。

4

将牛舌摆放在柠檬切片上，由上自下淋上步骤3的酱汁。最后，再撒上现磨黑胡椒。

超厚切上等牛舌块的
烧烤方法

让牛舌沾附柠檬香味的同时，进行蒸烤，是一道极具视觉效果的料理。由店员在餐桌之间来回穿梭，将切口的截面烤得酥香，内部又软嫩多汁，让顾客可以享受到两种不同的口感。

1

将牛舌根放到烤网上，上下两面烤至上色且定型。

2

将柠檬切片，放到烤网上加热。

Point 让少许柠檬的酸味沾附到牛舌上

3

将表面烤至定型的牛舌根放到柠檬切片上。这样可以为牛舌增添柠檬的香气，还具有防止肉汁流失的作用。

4

盖上盖子，继续烧烤。用炭火加热牛舌根的同时，用盖子罩住上升的白烟，也可以起到烟熏的效果。

5

待舌根中间也烤得差不多后，拿掉盖子。

6

去掉柠檬切片，再进一步烧烤。先切下表面的部分，分给顾客享用。

Point 中间部分保留厚度进行分切

7

接着品尝厚切的中间部分，品味内在肉质的美味。店员会为顾客介绍享用方式。

8

还备有盐，顾客可以根据个人喜好调味。

舌中

1

将切下舌根之后的舌中部位作为盐烤上等牛舌售卖。通过颜色与触摸时的手感分辨舌中与舌尖的分界线。竖着将舌中对半切开。

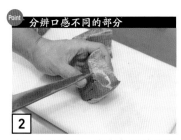

Point **分辨口感不同的部分**

2

察看肉的断面,有白色的筋分布其中,周边的红色也比较深。将这部分整个切掉,仅使用中间部分。

3

如同将厚厚的皮剥下来那样,将深红色与带筋的部分按圆弧状切下不用。

4

进行薄切。由于切面会随着接近舌尖而变小,因此切面越小,厚度就切得略厚一点。这是为了让每片肉的重量尽量一致。

5

因为只使用中间的部分,所以用手将肉往外拉,将肉调整得大一些。

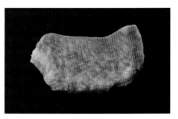

舌中切片

只使用没有筋,没有外侧深红色部分且外观漂亮的部分。将口感不好的部分全部切除。

舌尖

1

这个部位肉质虽硬,却有着浓郁香味。和舌中一样,将周边都切除,只使用中间部分。

2

将有白色筋分布的部分与周边部分都切除。

Point **厚厚地切除上下与侧面**

3

只使用中间部分。切除侧面与下面。

4

进行薄切。因为切面较小,所以用手摊平后,拉大一些再盛盘。

Point **使用断筋器将肉变软**

5

使用断筋器在牛舌片上面均匀地打洞。即使割除了周边的肉,肉质还是很硬,所以使用断筋器将肉变得柔软。

舌尖切片

切除周边的肉后,进行薄切。切面虽然小,却有着浓郁风味,越嚼越能品尝到牛舌的美味。

外横膈膜肉

这个部位拥有超高人气，店内几乎每桌都会点。外横膈膜肉条使用独特花切方式，切成一条约40厘米长150克重的肉条。通过在双面都划上深深刀纹的花切处理，可以切出极具魄力的长度。浇淋酱汁也能更好地渗透进肉中。

日本产·美国产优质外横膈膜肉

供应菜单

招牌元祖浇淋酱汁搭配
花切外横膈膜肉条　　▶81页

Point　在前一天进行清理，蒸发掉多余水分

1

通常会提前一天将外横膈膜肉处理好。静置一个晚上，正好蒸发掉一些水分，让肉的颜色更加鲜明。

2

为了将整块的外横膈膜肉毫不浪费地切成"外横膈膜肉条"，需要仔细计算之后再进行分切。宽度足够大的部分，需要竖着对半分切。

3

厚度较厚的部分，切成宽度较小的厚肉块。

4

从侧面中部片开后摊开。

Point　根据厚度与宽度将肉切成长条状

5

由于这是人气商品，分切时尽量不浪费肉。照片为分切成六条的外横膈膜肉。

6

以花切的方式进行切割处理。在肉条的表面斜着划入刀纹。以7～8毫米的间隔划80%的深度。

7

翻到背面，垂直于肉的纤维，划入刀纹。与上面一样，以7～8毫米的间隔，划80%的深度。与正面刀纹要错开。

花切外横膈膜肉条

通过在正面斜向划入刀纹，在背面垂直划入刀纹，肉可以在不散掉的状态下，拉伸成40厘米的长度。这样也可以让酱汁更容易渗入肉中。

伞肚

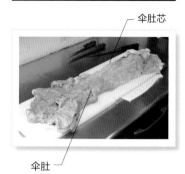

伞肚芯

伞肚

这是牛的第四个胃。还可以再细分为厚实且脂肪较多的伞肚芯、较薄且脂肪较少的伞肚。一般店只使用伞肚芯，而这家店也售卖伞肚，让顾客可以品尝到不同美味。

日本产

供应菜单

分切伞肚芯与伞肚

用45℃的热水洗掉腥臭味，再泡入冷水，使肉质变得紧实。擦干水分后，在胃壁厚实程度与脂肪含量呈现出明显差异的地方下刀。

伞肚芯

1

将切下来的伞肚芯，分切成长条状。

3

上面带有大量脂肪，需要将多余的脂肪切掉。但是，伞肚芯的脂肪相当美味，不要过度切除。

2

将有脂肪的一侧朝上，以大约3~4厘米的宽度进行分切。

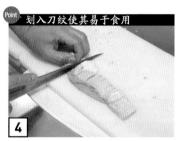

Point 划入刀纹使其易于食用

4

为了减缓伞肚芯过于有嚼劲的口感，在一侧以5毫米的间距划入刀纹，再分切成一口大小。

伞肚芯切片

背面带有足量脂肪，由于伞肚的不容易咬断，所以要在上面划入刀纹。

伞肚芯

伞肚

伞肚

1

伞肚的特点是褶皱之间带有脂肪。有着比伞肚芯更鲜的风味。

2

一边拉起褶皱，一边将其分切成长条状。带着褶皱进行分切，因此宽度要切得比伞肚芯窄一点，大约2厘米左右即可。

Point **划入刀纹使其更易食用**

3

将有脂肪的一面朝上，以5毫米的间隔划上刀纹。划入的刀纹深度要接近胃壁。

4

分切成易于食用的一口大小。

伞肚切片
褶皱部分的口感是其特色所在，因此带着褶皱进行分切。

元祖浇淋酱汁
调　味

味噌腌肉酱

腌肉酱准备了酱油基底和味噌基底两种。使用了韩式辣酱的味噌腌肉酱适合腌制内脏肉。

为了让脂肪多的伞肚芯充分腌渍入味，需要用手抓拌。

盐腌

在需要使用的时候，再用盐调味。基本上会搭配蒜泥、香油以及混合了盐与白胡椒的调味盐。

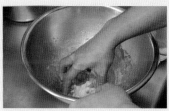

用手抓拌，使肉腌渍入味。为了更加突显香味，会在盛盘后撒上现磨黑胡椒，做最后的提香。

牛颊肉

即为牛脸颊的肉。牛颊肉在日本关西地区也称为"天肉"，这家店用的就是这个称呼。由于这个部位是经常活动的肌肉部位，所以肉质较硬，但同时也有着浓郁风味，越嚼越香。为了使牛颊肉更容易分切，先在零下5℃的冰箱里静置一晚，待肉变得紧实后再薄切。

日本产

供应菜单

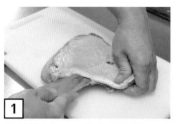

1 将附着在其中一边的皮剥除。将刀划入皮与肉之间，一边拉着皮，一边划入刀。

2 将一整面的皮都剥除干净。

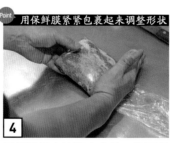

3 一边剔除表面的筋，一边调整形状。

> **Point** 用保鲜膜紧紧包裹起来调整形状

4 用低温把肉冻紧实之前，先用保鲜膜将肉紧紧地包裹起来，调整形状。

> **Point** 用零下5℃的温度使肉变得紧实

5 为了使肉更容易切成片，用零下5℃的温度半冷冻一晚，这样肉会变得紧实。

6 接到顾客点餐后再分切。这个部位的肉具有弹性，因此要将其切得极薄。

牛颊肉切片

由于这是一个没有什么厚度的部位，所以按照肉的形状分切成长条状。将肉半冷冻后，肉会变硬，这样容易薄切。

伞肚芯

作为内脏肉的伞肚的魅力在于脂肪鲜味，以及富有弹性的口感。店内引进日本关西地区的做法，将其分为伞肚芯和伞肚两种。富含脂肪的牛伞肚芯，与之搭配的是风味浓郁又具有辣味的用韩式辣酱制成的味噌腌肉酱。

伞肚

伞肚比伞肚芯更筋道，分布于其中的脂肪也会随着咀嚼在口中扩散开来。用盐调味时，使用的是事先混合调配好的白胡椒盐。在提供给顾客前，再撒上香气扑鼻的现磨黑胡椒。

天肉

这个部位的肉具有浓郁风味，有着众多爱好者。将越咀嚼越有味道的牛颊肉，按照关西地区的叫法"天肉"来命名，成为店家与顾客之间的话题之一。以极薄的厚度供应，因此不需要用腌肉酱抓拌，而是在盛盘后撒上盐与黑胡椒即可。

盐烤牛舌

舌尖与舌根这类口感不同的地方都需要处理掉，仅使用中间的部分。切掉厚厚的舌尖周边的肉后，再用断筋器将肉的纤维截断，让这个肉质较硬的部位吃起来更加柔软。以高品质供应给顾客，颠覆了人们对普通牛舌的固有印象。再加上极高的性价比，是一道十分具有人气的料理。一人份约80克。

盐烤上等牛舌

这是最有人气的一道牛舌料理。将带筋的部分与深红色的部分全部切除，让顾客可以品尝牛舌的柔软口感与多汁美味。用蒜泥、香油、调味盐调味，最后再撒上现磨黑胡椒。一人份约80克。

超厚切上等牛舌块

　　舌根200克为一人份。因为一个牛舌只能切出一份，所以有很多顾客会在打电话订位的时候，预订一份牛舌块。外观如同岩石一般，在烧烤的同时，用柠檬来增添香味与酸味，是这家店的独创烤法。有不少团体顾客会点这道料理，想要一尝由店员高超的技术烤出来的美味。

招牌元祖浇淋酱汁搭配特选独家牛五花肉

以一片180克分切的"招牌元祖浇淋酱汁"后腰脊肉。店家希望顾客可以先品尝简单调味的A5等级的后腰脊肉，因此会撒上盐与黑胡椒后，提供给顾客。在顾客搭配芥末或柠檬享用之后，再淋上浇淋酱汁烧烤。这样的"风味转变"，十分具有吸引力。

"元祖浇淋酱汁"有酱油基底与味噌基底两种，可以根据每种肉的特点使用。

烧烤方法

招牌元祖浇淋酱汁搭配
花切外横膈膜肉条

　　将酱汁盛在印有店名的酱汁壶里，再把花切的外横膈膜肉条浸入酱汁中，提供给顾客。长达40厘米的外横膈膜肉一定会引起顾客的欢呼，放到烤网上烧烤更会使气氛欢腾。这道料理是几乎每桌都会点的一道招牌菜。同系列除了外横膈膜肉之外，还有牛五花肉片，也十分受欢迎。

　　将外横膈膜肉从酱汁壶中取出，放到烤网上。待双面都烤至上色后，再淋上浇淋酱汁。当酱汁滴落在炭上时，便会升腾起白烟。排烟管会将这些白烟向上吸出，肉会吸附上烟熏的香气。待差不多烤熟之后，再根据顾客人数分切。这些工作会由店员完成，将肉烤至最好的状态，供给顾客享用。

大阪・梅田

焼肉万野

分店：Lucua 大阪店

向供应商采购"肉店从业者真心想吃的肉"
从去骨到拆解都自己动手

　　"当我们去思考自己真心想吃的是什么样的肉的时候，就会发现，并非能用等级一概而论。"基于这样的想法，万野屋公司店铺内所供应的牛肉选用A3、A4等级，有不少店家会受限于等级，而盲目追求A5级别的牛肉。万野屋公司却通过实际走访产地，从值得信赖的供应商中采购符合公司标准的肉品。其指定的牛肉标准是月龄30个月以上，长期肥育的未经生产的雌牛。

　　采购之后，由店员从去骨开始进行牛的拆解。据万野先生表示，这样的拆解加工技术，可以培养出员工判断肉品的眼光，在进货或售卖的时候也能有所帮助。对于烤肉店来说是项不可或缺的技术。

　　目前，万野屋所经营的烤肉店以总店"烧肉万野"为首，还另有内脏烤肉专门店、可以享用到独创肉料理的高级店、能享受一个人烤肉的吧台式烤肉店等九家店铺，为顾客多元化提供享用烤肉的快乐。身为执行董事的万野先生，目前除了协助烤肉店的经营规划之外，也设立了研修制度，对外界的其他烤肉店和饮食店进行技术指导。万野先生所做的一切都是为了将正确享用肉的方法与信息传播出去。这一次，万野先生将向我们公开，将稀有而又具有高价值的牛肩部位从去骨到进一步处理的方法。

店铺地址：大阪府大阪市北区

万野屋股份有限公司
执行董事·**万野和成**先生

出生于1930年创业的精肉店之家，耳濡目染之下学习了牛肉拆解加工去骨等技术。希望将正确享用肉的知识传播出去，基于这个想法，创立并经营了"烧肉万野"。与总公司一同设立的"万野牛肉工厂"，在这里可以学习肉品知识与技术，也接受店铺经营规划的委托。

带骨牛肩部位

　　带骨牛肩部位是牛的前腿至肩胛骨的部分，可以分切出肩胛板腱肉、肩胛三角肉、肩胛里脊等十分受欢迎的部位。由三根骨头组成。如果在拆解的时候花费太多时间的话，就会使肉质变差，所以必须速战速决，以较少的下刀次数，有效率地分切。由于去骨的技术会影响到肉的品质，因此万野屋也会定期检测店员的水平。

黑毛和牛A3·A4

供应菜单

［去骨］

沿着骨骼入刀

1 经过万野屋鉴别选购，且加工处理过的牛肉，以"极雌万野和牛"的名称加上商标。会为牛加上个体识别编号，自出生以来，连喂食的饲料都可以一目了然。

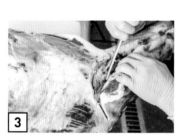

2 在前小腿骨处下刀。为避免割伤腿肉，沿着骨骼肌将肉切开。使用拆解牛肉的专用刀。

3 为了更容易去骨，将刀划向骨头旁边的肉，准确地切割。

4 由于关节部分的深处也分布着肉，所以在关节周边密集地下刀，这样可以让骨头更容易去除。

将肩胛里脊切下

5 将从前小腿处开始切入的刀，划向肩胛里脊（又称黄瓜条）的一侧，将肩胛里脊切下来。

6 前小腿上面，即照片的右侧为肩胛里脊。先将肩胛里脊切下来，这样可以让后续的去骨作业更加顺利。

去掉前小腿骨

7 在骨头与骨头之间的关节部分下刀，将骨头分离。

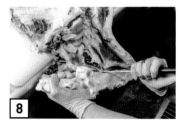

8 握着分离下来的骨头，细心地用刀切开肉还连着的部分，将骨头从肉中拆卸下来。顺利取下第一根骨头。

去掉上臂骨	去掉肩胛骨	

9 然后，继续卸掉上臂骨。将刀切至骨头下方，将肉与骨头分离。	**13** 肩胛骨是块平坦的骨头，也称作琵琶骨。这块骨头的下方有块肩胛板腱肉。先将上方的上肩胛板腱肉切下来。	**17** 翻面后，从肩胛骨上面取下肩胛板腱肉。将锉刀插入骨骼肌与骨头之间，沿着筋将骨头撬开。

10 在骨头的另一边下刀，沿着骨头，将附着在骨头上侧的肉切下。将上臂骨另一边的关节部分也切下。	**14** 像是要从肩胛骨上面将肉挖开一样，横握刀，将肩胛板腱肉从肩胛骨上面切下来。	**18** 再次将肉翻面，改换成刀，一边提起骨头，一边将肉切开，取出骨头。

11 由于关节部分的形状较为复杂，所以需要密集地下刀。只要将附着在骨头上的肉割离，骨头的轮廓就会显现。	**15** 将肩胛板腱肉切开至肩胛骨的另一侧之后，接着从肩胛里脊肉侧边的肩胛骨下方插入锉刀，从肉的上面将肩胛骨挑离。	**19** 切到边缘后，切开骨头与肉之间的筋，把骨头从肉上切下来。顺利取下第三根骨头。
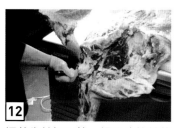		
12 握着先前卸下第一根骨头的关节处，将还附着在上面的肉割离，将骨头从肉中取下。顺利取下第二根骨头。	**16** 然后，在骨头与肉之间的筋处下刀，将骨头从肉上切下来。照片中远处是上肩胛板腱肉，近处是肩胛里脊肉。	**20** 从左边开始，分别为肩胛里脊肉、肩胛板腱肉、上肩胛板腱肉的肉块。接下来，就根据各个部位进行分切。

[分割]

切下前腿牛腱肉

1 取下骨头后，为一整片肉。照片中，上方为前小腿部分。分割的时候要注意，不要切到其他部分，在各个部位的交界处下刀。

2 该部位为前腿牛腱肉，肌肉质地紧实且具有浓郁的鲜味。只要薄切，再用刀敲打，就能作为烤肉食材。

切下肩胛里脊肉

3 在关东地区也将该部位称为"黄瓜条"。由于取下骨头时，已经是接近切离的状态，所以切开根部就可以将肉切下来。

切下上肩胛板腱肉

4 将位于肩胛骨上方的上肩胛板腱肉切下来。在上肩胛板腱肉与肩胛板腱肉之间，划入刀。

5 一边向上提起上肩胛板腱肉，切开连接在一起的部分，切下上肩胛板腱肉。

切下肩胛板腱肉

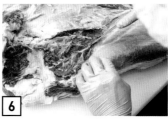

6 肩胛板腱肉的外侧是肩上盖肉与肩胛三角肉。在这两个部位之间下刀。

7 表面光滑的部分是附着在肩胛骨上方的肉。仔细分辨各个部位的肉块，沿着肩胛板腱肉划入刀。

8 拉起肩胛板腱肉，一边确认切割的位置，一边划入刀，注意不要割伤肩胛板腱肉。

9 将肉块立起来，在肩胛板腱肉与肩胛三角肉之间下刀。

10 切割至肩胛板腱肉的根部后，从根部脂肪的位置将肉切下来。

切下肩上盖肉

11 照片中，近处的是肩上盖肉，远处的是肩胛三角肉。在肩上盖肉与肩胛三角肉之间下刀。

切下肩胛三角肉

13 从剩余的肉块上切下肩胛三角肉。沿着肩胛三角肉的形状划入刀。

切下前腿腱子心

15 前腿牛腱肉中有个极为软嫩的部分。照片中是清理完成的前腿腱子心。在牛前腿中，是最适合烤的部位。

12 肩上盖肉覆盖在肩胛三角肉上面，因此在中间的脂肪层下刀，像是要将肩上盖肉拉下一样，割开边缘将肉切下来。肩上盖肉一下就可以切下来。

14 剩下的部分即为肩胛三角肉。

从牛肩肉分切下来的部位

Ⓐ 前腿牛腱肉
Ⓑ 前腿腱子心
Ⓒ 肩胛里脊肉（黄瓜条）
Ⓓ 上肩胛板腱肉
Ⓔ 肩胛板腱肉
Ⓕ 肩上盖肉
Ⓖ 肩胛三角肉

在中央厨房内，经过拆解处理的牛肉不会进行真空包装，而是用肉片包装纸分装后，送入各家分店。这是因为真空包装会挤压牛肉，也会将肉汁挤出来。肉品的保存环境为湿度接近70%的保湿冷藏室。在使用之前再清理，通过减少牛肉与空气接触的时间，来保持肉的新鲜度。

[商品化]

前腿腱子心

1

牛前腿肉中肉质较为软嫩的部分，适合用来烤肉，可以品尝到浓郁的风味和独特的口感。先剔除表面的筋。

2

因为有较硬的筋，需要仔细剔除干净。分切成细长的状态。

Point 边缘较硬的部分制作肉馅

3

前腿腱子心的两边肉质很硬，将其切下来做肉馅。

4

从边缘开始薄切。虽然有筋分布在其中，但只要在上面剞上花刀，就可以减弱筋的存在感。

Point 细致地剞上花刀

5

因为肉质容易卷缩，所以需要细致地剞上花刀，要深一些。

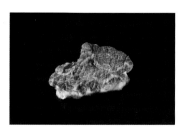

前腿腱子心切片

用刀工技术将原本较硬的肉质变软，将具有浓郁鲜味的前腿腱子肉变为美味的烤肉食材。

上肩胛板腱肉

1

这是一个不含油脂的部位，特点是有筋分布于其中。沿着这条筋的分布之处将肉切开。

Point 将筋剔除干净

2

因为有层筋膜附着在肉的表面，所以需要将筋膜剔除。用刀尖划入肉与筋膜之间，在边缘切开一道切口。

3

从切开的地方，像是剥皮一样，将筋膜切下来。

4

因为也有细小的筋分布于其中，所以不作为烤肉食材，而是作为店内的原创料理创意生拌牛肉售卖。

肩胛板腱肉

1

将附着在肩胛板腱肉表面的筋剔除干净。

2

选用切面比较漂亮的部分。店内使用的肉是A3~A4等级。脂肪的分布十分漂亮。

Point　活用漂亮的切面，切成大片肉

3

垂直于肉的纹理，切成较厚的肉片。活用肩胛板腱肉十分漂亮的切面，切成大片肉。

4 →A

以5毫米左右的间距斜着划上刀痕，这样可以感受到富有弹性的筋道口感。

肩胛三角肉

1

清理肉块表面。将刀划入肉与筋膜之间，薄薄地切下筋膜。

2

根据分切部位不同，有时也会反手拿刀，在肉与筋膜之间下刀，剥下筋膜的同时，也不会割伤里面的肉。

3

瘦肉部位十分漂亮，因此以肉块的形式售卖。使用较厚实的部分，清理并调整肉的形状。因为边缘部分的肉质较硬，所以需要将其切除。

Point　以能够切断纤维的角度分切

4 →B

刀身平行于肉的纹路，将肉切成长条块状，再垂直于纤维，将肉切片。

A 肩胛板腱肉切片

由于切成薄片会破坏肩胛板腱肉的口感，所以将其切成较厚的肉片。因为切面较大，所以需要再将肉片对切成两半。

B 肩胛三角肉切片

虽然拥有紧实的口感，但是可以轻松食用，不需要划上刀纹，直接分切成肉片即可。

肩胛三角肉块

切成大块，是可以用来称重售卖的瘦肉——极雌万野和牛肉块。肩胛三角肉的瘦肉十分出众。

肩胛里脊肉

1

由于表面附有一层厚厚的脂肪，所以一开始就要切除周边的脂肪。

2

切除脂肪过程中逐渐可以看出肩胛里脊肉的形状。边缘有较硬的筋，需要将筋连同脂肪一起切除。

3

肌肉质地的肉质纹理较粗，也有筋分布在肉里面。如果有筋残留就会影响口感，所以需要细致地将筋剔除干净。

4

肉里也有粗大的筋分布，这片筋会影响口感。像是要把肉剥开一样，一边将肉切开，一边把筋切下来。先切下边缘，切出一个开口。

Point 切除当中的筋

5

随着刀的切入，这片筋会逐渐变软。用作烤肉的食材时，只需要切到筋不会影响口感的地方即可。

6

确认肉的纹理，切成薄片，将纤维切断。

Point 划入刀纹，使较硬的肉质变软

7

由于是肉质较硬的部位，所以薄切后，再划入刀纹。按照一个方向，斜着划上细密的刀纹。

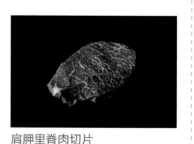

肩胛里脊肉切片

虽然是肉质纹理较粗的部位，但是肉的色泽鲜红，还拥有瘦肉的清爽风味。通过划入刀纹，使肉变得易于食用。

肩上盖肉

1

切除覆盖在表面的筋与脂肪。

2

一边切掉表面的筋与脂肪，一边将肉修理平整。

Point 适度留下表面的脂肪

3

将另一侧厚厚的脂肪切除。这层脂肪的熔点较低，口感十分顺滑，所以可以留得稍厚一些。

4

清理并修理平整再分切。因为肉质较硬，所以要薄切。

5

为了令口感更佳，需要在肉的表面划上刀纹，只在单面划上刀纹即可。

肩上盖肉切片

留下少许脂肪，可以让肉更香醇，肉片颜色也是红白均有，十分漂亮。

调味

　　店家希望让顾客享用肉品本身的味道，基于这个想法，不使用腌肉酱事先腌渍调味，而是不加任何调味料，直接烧烤，或者在肉上淋上腌肉酱，撒上少许盐，进行少量调味。如果长时间调味腌渍，会使肉的风味流失掉。内脏肉会搭配味噌蘸酱。

餐桌上的蘸酱组合

餐桌上摆放的是"万野屋"特制的高汤酱油，以及作为调味作料的芥末碎与生姜碎。将芥末与生姜切碎，并非磨成泥，是为了增添鲜脆的口感。也有顾客会先将肉吃掉，再吃调味作料。

高汤酱油

虽然也有蘸酱，但最推荐的还是用高汤酱油来搭配烤肉。店家特别定制生产的高汤酱油也会单独售卖。

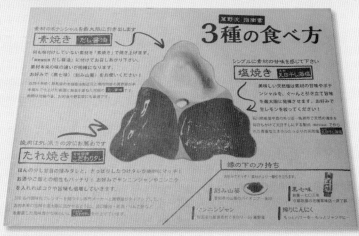

三种享用方式

以吧台为主的"烧肉万野 Lucua大阪店"，会在餐桌上摆放印有三种推荐吃法的桌垫纸。三种推荐吃法分别为"单烤""盐烤"和"酱烤"。

肩上盖肉

肩胛里脊肉

肩胛三角肉

前腿腱子心

肩胛板腱肉

牛肩五品拼盘

肩上盖肉、肩胛里脊肉、肩胛板腱肉、前腿腱子心、肩胛三角肉

*照片为双人份

　　将五种自牛肩部位分割下来的肉盛装在同一盘中，组合成可以品尝到多种肉品的拼盘。从牛肩分切下来的各个部位，在肉质、口感、味道与气味上都各具特色。光是品尝牛肩部位的肉就可以感受到牛肉多彩的魅力。分切时，根据肉质的不同进行肉片厚度上的调整，并在肩上盖肉、肩胛里脊肉、肩胛板腱肉上分别划上刀纹。

创意极雌牛肉

这是由公司鉴别选购的优质"极雌万野和牛"身上的瘦肉部位制作而成。将放入平底锅煎至一分熟的牛排切成细细的肉条，再加入由葱花、白芝麻、腌肉酱和香油调制而成的酱汁。最后在上面放入一颗蛋黄，呈现出生拌牛肉的样子。享用时将蛋黄与牛肉混合，一起品尝。照片中的牛肉使用的是上肩胛板腱肉。

和牛寿司组合（4种）

对于经常推出创新烤肉料理的"万野屋"来说，目前已经成为经典料理的牛肉寿司，也可以进行丰富多样的类型变化。照片为可以品尝到不同部位的4种寿司组合。由霜降牛肉握寿司、瘦牛肉握寿司、炙烤牛前胸肉握寿司、牛肉（生拌牛肉）军舰卷组合而成，是如同金枪鱼寿司组合一般的和牛寿司盛宴。

牛腱肉（前腿肉）

肩胛板腱肉

上等牛瘦肉（外后腿肉）

前腿腱子心
上等牛瘦肉（外后腿肉）
肩胛板腱肉

　　"烧肉万野 Lucua大阪店"的烤肉菜单。除了有一人份的四片组合外，还有分量减半的两片组合。以吧台座位为主的酒吧型店铺，吸引了许多一个人来边吃烤肉边喝酒的顾客。店家在菜品的分量上也下足了工夫，让顾客可以轻松选择各个部位的烤肉。还可以根据个人喜好选择不加调味料烤、用盐烤或用酱汁烤。餐桌上还准备了印有各种吃法介绍的桌垫纸。

将稀有性较高的推荐肉品以手写广告招牌的方式进行介绍。标示出产地，还会冠上供应商的名字，以此向顾客证明店内所选食材均有生产履历。

推荐内脏七品拼盘

上等牛伞肚、牛大肠、牛心管、牛胃袋、
牛小肠、牛舌下肉、牛心

　　"烧肉万野 Lucua大阪店"的牛内脏菜单。除了店家推荐的七品拼盘之外，还有四品拼盘。顾客可以在一盘中品尝到牛的各个部位，因此，拥有相当高的人气。店家每周会从日本全国的15家屠宰场采购50头牛的完整内脏，在中央厨房进行加工。使用的是进行严格新鲜度管理的最新鲜的牛内脏。

宮城・仙台

大同苑

分店：仙台一番町店

拥有连专家也称赞的烤肉技术
以严格挑选的仙台牛、前泽牛获得人气

位于岩手县盛冈的总店"大同苑"创立于1965年。开店50多年以来，是一家与当地人关系紧密的烤肉店，拥有值得骄傲的高人气。第三代继承人兼执行董事长吉川龙海先生接手后，开始扩大业务，在2010年开设仙台泉中央店，2013年开设仙台一番町店和JR盛冈大厦店，接着于2018年12月在一番町开设了内脏烧烤酒吧，目前已经开设了五家店铺。

之所以能有这样飞跃性的进展，是因为店家选用当地产的前泽牛、仙台牛作为烤肉食材，再加上能够令这些高级品牌牛更加美味的技术。店内选用的前泽牛是指定牧场和指定卖家的，选用的仙台牛是由冠军和牛辈出的石卷肥育农家培育出来的，使用的均是可以得知生长履历的牛肉。

前泽牛脂肪较少，瘦肉十分美味。仙台牛虽然属于霜降牛肉，但是口感十分清爽。总厨师长金龙泰先生在拆解牛肉的时候，会根据肉质的特色处理，让牛肉在最美味的状态下上桌。"希望顾客可以品尝到优质牛肉脂肪的美味"，基于这个想法，会一并购入牛中腹部与外腹部，并积极进行售卖。虽然现在遇到了值得信赖的供货方，大多由供货方分割处理后再进货，但本书还是会介绍金龙泰先生是如何分割与处理牛肉的，还会公开他去除内脏腥臭味的独家方法，以及店内招牌菜品"盐葱牛舌"的制作方法。

店铺地址：宫城县仙台市青叶区

总厨师长·**金龙泰**先生

出生于1965年创立的烤肉老店"大同苑"之家，长年协助家中的烤肉店事业。目前作为盛冈本店、仙台一番町店等全系列店铺的总厨师长，对店内肉品味道进行把关。为了向其学习这项技术，甚至还有从东京远道而来进行研修的厨师，深得同行的信赖。

牛中腹部

位于仙台的店铺主要使用的是仙台牛。照片中是由冠军和牛辈出的肥育农家，经过32个月肥育出来的仙台牛腹部，以中腹部、外腹部为一组的方式进货。中腹肉是靠近肩胛一侧肋骨周边的肉，取自肉质软嫩的后腰脊翼板连接着脂肪分布均匀的肩胛小排的优质部位。以一整片肉折成两半的状态进货。拍摄时的中腹部约为22千克。

仙台牛A5

供应菜单

[分割]

切下牛肋条

1 开始先切下牛肋条。切除附着在牛肋条表面的筋与脂肪，在牛肋条的根部下刀，一边将其向上拉一边切除。

2 将刀划入牛肋条根部，同时将其从牛腹上切下来。

3 切下来的牛肋条共有六条。作为普通牛五花肉售卖，或者作为推荐菜品中的牛肋条五花肉售卖。

4 将切掉牛肋条的一面朝下，剔除表面脂肪后，将肉摊开。

切下牛腹筋膜肉

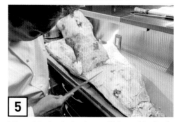

5 摊开的牛腹肉表面附有一块牛腹筋膜肉，将这块牛腹筋膜肉切下。切下后用作肉馅或炖汤食材。

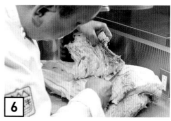

6 将牛腹筋膜肉切下来后，再次将肉折起来。折角部分有层薄薄的肉，将其切下。

7 这块薄薄的肉也可以用作肉馅或炖汤食材。

切下后腰脊翼板肉

8 将切下薄肉后的肉立起来，从中腹肉上面切下后腰脊翼板肉。照片中，近处是后腰脊翼板肉。将脂肪与薄肉的部分切除。

9

切至后腰脊翼板肉边缘，切开脂肪，将后腰脊翼板肉切下。

10

将附着在后腰脊翼板肉周边的多余脂肪剔除干净。

切下特选牛五花肉

11

这是将后腰脊翼板肉切下后的牛中腹肉。右侧是连接头侧肋骨的部分。接下来要切下特选牛五花肉。

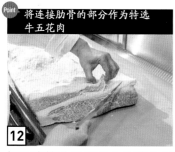

12

切下连接肋骨部分上方的上盖肉。有粗大的筋分布其中，沿着这条筋划入刀。

13

拉起上方的上盖肉，一边用手剥离，一边用刀向前切开脂肪。将下方的肉作为特选牛五花肉售卖。

14

清理上盖肉表面的筋和脂肪，将周边的脂肪修理平整。可以作为普通的牛五花肉使用。

15

平整地切下特选牛五花肉表面厚重的脂肪，剔除周边的脂肪。

16

将牛中腹肉切剩的部分用作普通牛五花肉。在肉块的分裂之处切割。

17

清理步骤16切下来的小肉块。将其表面的筋与脂肪剔除干净。

18

将分布在肉凹陷之处的筋也剔除干净。

19

清理步骤16切下来的大肉块。同样需要将表面的筋与脂肪剔除干净。

20

将分布于其中的筋也切掉。此处的筋很硬，口感不佳，筋的颜色也会在烤肉时显现出来，所以需要剔除干净。

[商品化]

后腰脊翼板肉

1

将表面的筋与脂肪剔除至一定程度后，切除边缘，分切成500克左右的长条肉块。

Point 将肉切成可以提高商品价值的形状

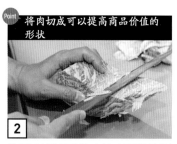

2

将马上要用到的肉块表面的筋剔除干净。后腰脊翼板肉是一个商品价值极高的部位。为了将其切成有棱角的肉片，需要将长条肉块修整成四方形。

3

为了呈现出美丽的霜降切面，要垂直于肉的纹理分切。利用肉质软嫩的特点，将其切成稍有厚度的薄切肉片。

Point 在薄厚切法上做出变化

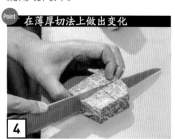

4

后腰脊翼板肉是一个肉质软嫩的部位，所以也很适合厚切。将其切成约100克的大肉块后，再分切成四个小肉块。

牛腹筋膜肉

Point 仅将有厚度的部分用作烤肉食材

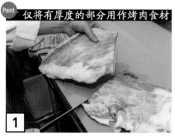

1

将牛腹筋膜肉较厚实的部分用作烤肉食材。其肉质紧实，脂肪鲜美。牛腹筋膜肉较薄的部分则用作肉馅或炖汤食材。

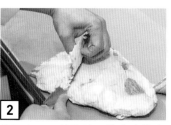

2

背面有厚厚的脂肪，将多余的脂肪剔除干净。为了同时享用到脂肪的鲜美，可以留下少许脂肪。

3

表面有少许的筋残留，需要剔除干净。

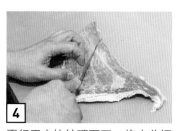

4

平行于肉的纹理下刀，将肉分切成长条状。

5

为了切出较大的切面，切夹刀片再摊开。注意下刀时垂直于肉的纹理。

6

先以不将肉切断的深度划入刀纹，再下另一刀将肉完整切离。

7

将切下来的肉片摊开，从边缘开始轻轻划入刀纹。

牛腹筋膜肉切片

将夹刀片摊开，肉片会变大。

牛外腹部

　　牛外腹部与中腹部是一起进货的。与肩胛一侧的中腹部相比，牛外腹部是牛腹下侧肋骨周围的牛腹肉。外腹部以一整片肉折成两半的状态进货。照片中的外腹部肉为18千克。可以切割出牛腹肋肉、牛腹肋肉、牛内裙肉等部位，作为普通牛五花肉或上等牛五花肉售卖。

仙台和牛A5

供应菜单

[分割]

割下内裙肉

1 将表面的筋与脂肪切除后，切下牛肋条附近的内裙肉。这个部位拥有类似于外横膈膜肉的外观与口感。

2 将牛肋条一侧朝向自己，将刀划入牛肋条根部，拉着牛肋条将其切下。

3 将对折的肉摊开。

4 这是摊开的外腹肉。照片中，后方覆有一块牛腹筋膜肉。

割下牛腹筋膜肉

5 割下牛腹筋膜肉。接近牛腹部表面的腹筋部分与中腹部的腹筋膜肉相连。这块肉的肉质很硬。

6 在牛腹筋膜肉与脂肪之间的交界处下刀，将外形像薄膜一样的腹筋膜肉整个切割下来。

分切牛外腹肉

7 将肉折叠起来，改变肉的摆放方向后，再次将肉摊开。

Point: 在肉质不同的部分进行分切

8 图方右方为外腹部靠近头侧的部位。在靠近自己这一侧的断面之间有层厚厚的脂肪，将覆盖在这层脂肪上的上盖肉切下来。

将上等牛五花肉切块

9

沿着脂肪，在肉分裂的地方将肉切开。将切下来的部分用作普通牛五花肉或者炖煮。

10

将表面厚厚的脂肪切下来。将脂肪切至可以隐约看到肉的程度。

Point **根据肉质分为普通、中等、上等**

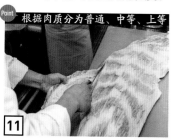

11

步骤10的右方是靠近头部的一侧。这一侧分布着斜斜的纹理，肉里面的筋口感类似橡胶，将这部分切下来作为普通牛五花肉售卖。

12

步骤10的左侧远处是靠近后腿侧的牛腹肋肉。这个部位肉质软嫩，作为中等牛五花肉售卖。正中间的部分脂肪分布较多，可以制作成牛筋盖饭等料理。左侧近处的肉脂肪分布漂亮，切下后作为上等牛五花肉售卖。

1

在[分割]的步骤12中切下来的上等牛五花肉里，可以看到血管分布在其中。

2

根据血管的分布之处下刀，将肉分切成长条状。肉里也有血管夹杂在其中。

Point **切除会影响味道的血块**

3

血块会有异味，也会影响外观，所以需要仔细切除。连同表面多余的脂肪也一起剔除。

Point **分切成长条状的同时，也一并剔除脂肪**

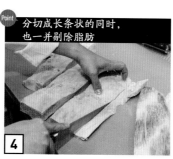

4

平行于肉的纹理，将肉切成长条状。将厚脂肪也一并剔除。

5

在[分割]的步骤12中切下来的脂肪分布较多的部分，分切成中等牛五花肉或边角肉。

Point **根据脂肪的分布方式决定用途**

6

照片中的肉块几乎都是脂肪，可以用来制作牛筋盖饭等料理。

7

照片中右上侧的是在[分割]步骤11中切下来的，用作普通牛五花肉的部分。近处的四个长条状的肉块用作上等牛五花肉。上等牛五花肉选用的是脂肪分布漂亮的部分。

将中等牛五花肉切块

1
在[分割]的步骤12中切下来的作为中等牛五花肉的后腿侧牛腹肋肉脂肪分布较少，但是肉质相当软嫩，能够作为上等牛五花肉使用。

Point 根据脂肪分布情况与状态分类

2
察看牛五花肉的状态，将其分成中等牛五花肉、上等牛五花肉。为了统一成长条肉块的形状，切齐边角调整形状后再分切。

3
照片为中等牛五花肉的脂肪分布标准。脂肪分布状态会根据个体有所不同，需要仔细察看后再分类。

4
分切成长条状的肉块。如果不需要立即上桌，就让表面留一些脂肪。

将普通牛五花肉切块

1
照片中的部位为内裙肉。在牛腹肉之中，这是一个脂肪分布较少的部位，作为普通牛五花肉售卖。重点是需要切除埋在其中的筋。

Point 划入刀将筋割除

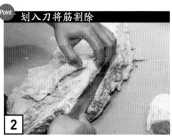

2
由于埋在肉中的筋即使烧烤后也仍会影响口感，所以需要将刀划入筋所在的位置，连同表面的脂肪，一起切除。

3
切除筋后肉会有凹陷的部分，用手将肉按压平整，统一厚度。让正中间最软嫩的部分向外延展。

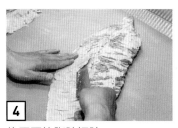

4
将厚厚的脂肪切除。

5
上面也有许多筋，需要仔细剔除。将脂肪切除至表面留有一层薄薄的脂肪，再切成可以放进盘中的大小保存。

Point 仔细剔除骨头，可以使口感更佳

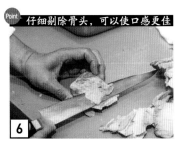

6
牛肋条也作为普通牛五花肉售卖。有时也会遇到碎骨残留，将筋和脂肪连同碎骨一起切掉。

7
除了作为普通牛五花肉售卖之外，也可作为牛肋条五花肉售卖。

Point 除了作为烤肉食材之外，还可用于其他用途

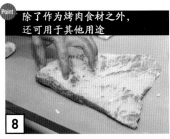

8
从牛外腹肉切下的薄薄的腹筋肉，有厚度的部分可以用作普通牛五花肉，较薄的部分可以用来制作牛筋盖饭等料理。

103

[分切牛五花肉]

特选牛五花肉

1

将连接牛中腹部肋排的部分作为特选牛五花肉售卖。照片中的长条状肉块为分切好的状态。

Point 切除深深分布在肉中的筋

2

如果有筋深深分布在肉中，用刀划入筋的两侧，把筋切下来。

3

因为难以切出形状统一的肉片，所以将切面不平整的部分切下来，作为边角肉使用。

4

平行于肉的纹理，将肉切成长条状。再垂直于肉的纹理下刀，将肉分切成肉片，可以呈现出漂亮的脂肪分布。

上等牛五花肉

1

将牛外腹肉中肉质较为软嫩，且脂肪分布漂亮的部分作为上等牛五花肉售卖。切除边缘部分。

2

察看切面的大小，以五片100克为基准，切成略厚的肉片。

普通牛五花肉

1

从牛中腹肉切下来的边角肉片。

Point 切面不够大的部分作为边角肉使用

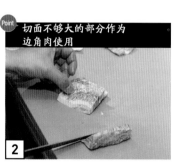

2

切面难以切出适当大小的部分，可以分切成边角肉使用。切出的肉片与牛肋条、内裙肉一起作为普通牛五花肉售卖。

中等牛五花肉

1

中等牛五花肉是从牛腹肋肉切下来的。剔除筋与多余脂肪后再分切。

2

仔细地剔除周边的筋与脂肪后，薄切成稍有厚度的肉片。

Point 划入刀纹把筋切断

3

由于这个部位有筋分布，所以在肉的切面上划入刀纹，将筋切断。

照片中从左至右分别为特选牛五花肉、上等牛五花肉、中等牛五花肉、普通牛五花肉的肉片。每种都是一人份100克。牛五花肉是从一整组的牛中腹部和外腹部上切下来的。将脂肪分布漂亮的特选牛五花肉切成大片薄切肉片，将肉质略硬部位的中等牛五花肉划入刀纹等，需要运用分切技术，根据各个部位的肉质状况处理。

肉品的保存方法

店家会根据肉的使用时间，采用不同的保存方法。无论哪种保存方法，都要避免接触空气，以防变色和氧化。肉品重叠摆放时，一定要使用肉品专用的包装纸垫在两块肉之间，将肉隔开。

需要将肉放一段时间再分切时，在保留肉块表面的筋与脂肪的状态下，用肉品专用包装纸包裹起来，然后再包上一层保鲜膜，放入冷藏室保存。肉品专用包装纸会适当吸收肉中流出的肉汁。如果使用质地较厚的厨房用纸，就会过度吸附肉汁。

牛舌

用牛舌把葱花包裹起来，再用葱将牛舌绑起来，外观十分别致。而且，牛舌和葱十分搭配，这道菜成为招牌菜品。为了尽可能切出更大的切面，会把切片尽量拉伸得更大。

新西兰产

供应菜单

招牌盐葱牛舌 ▶114页

剥除牛舌皮

Point 敲打牛舌肉，使皮更易剥除

1 从牛舌的侧边开始剥皮。用敲肉锤敲打牛舌的侧边，将表面敲平整，这样可以使皮更易剥除。

2 从牛舌侧边的边缘下刀，划入舌皮与舌肉之间，一边拉着切开的舌皮边缘，一边将刀划进去。

3 切下舌筋，将血管部分切除。

Point 将牛舌尖作为普通牛舌售卖

4 将舌皮全部剥除后，将切面不够大的舌尖切掉。切下的舌尖作为普通牛舌售卖。

调整牛舌切面的形状

5 从切掉舌尖的切面开始薄切。

Point 用手拉薄拉大，调整切面大小

6 用手将牛舌肉片拉薄拉大，让肉片更易于卷住葱花。

7 照片为经过拉伸后的牛舌肉片，一人份六片70克。

用牛舌包裹住葱花

8

葱白切成葱花，然后加入盐、白胡椒、鲜味调味粉和香油调味。葱叶事先焯水。

Point 用牛舌将葱花包裹起来

10

将葱花放入拉伸过的牛舌肉片上。

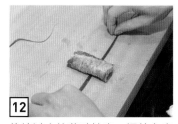

12

将焯过水的葱叶拉直，摆放在案板上，再放上步骤11的盐葱牛舌卷，将其绑起来。

9

用手轻轻抓拌葱花，与调味料均匀混合后，葱花会变软。

11

用牛舌肉片将葱花包裹起来。

13

将葱叶在牛舌上方交叉，扭转方向后将长边一侧也绑起来，最后像是捆绑包裹一样打结固定。

蘸酱

将酱油、砂糖、味淋混合，加热煮至沸腾后放凉，再加入梨子泥混合，过滤后作为蘸酱使用。利用水果的酸甜味道来增添清爽的风味。

最先置于餐桌的蘸酱组合。从左至右依次为萝卜泥、柠檬汁、蘸肉酱。脂肪较多的肉搭配萝卜泥，就会令味道变得清爽。用盐调味的后腰脊翼板肉等特上级菜品，会搭配芥末一起享用。

牛大肠

　　牛大肠的特点是肠壁上有条纹状的纹理。这个部位脂肪少，口感软嫩筋道，且具有清爽的风味。制作关键是要去除内脏的异味。用碱水清洗掉内脏中的黏液，再用日本酒浸泡清洗一次，即能有效去除异味。

日本产

供应菜单

上等牛内脏　　　　　　▶115页

用碱水进行清洗

进货时选用不带脂肪的部分。使用碱水来搓洗掉内脏中的黏液。

1

确认是否有污垢残留，用手轻轻搓洗掉残留的黏液。

2

Point 将黏液、污垢清洗干净

接着用流水搓洗，将内脏清洗干净。

3

清洗干净后用沥水篮沥去水分，放入冷藏室保存。

4

用日本酒进行清洗

Point 准备出当天使用的量

分切出当天使用的量。切除边缘后，将较厚实的部分以4~5厘米的宽度分切。较薄的部分则用作其他用途。

1

Point 用日本酒洗去异味

将分切好的大肠放入盆中，倒入日本酒，浸泡10分钟左右。

2

用手轻轻揉搓，搓去污垢与异味。将残留的污垢洗去后，日本酒会变得混浊。

3

最后再用清水冲洗一次，可以洗去日本酒的酒精味。用沥水篮将水沥干净后，进行调味。

4

猪花肠

　　照片为猪花肠（即猪子宫，俗名一锭金），颜色粉嫩，外形圆润，拉伸之后会变成细细的管状。年龄越小的雌猪，子宫越为厚实质优。店内所选用的内脏肉都是当天宰杀的，经过彻底清洗，毫无异味。

日本产

供应菜单

猪花肠 ▶115页

用碱水清洗

Point 仔细地洗去异味

1

猪花肠口感爽脆筋道有嚼劲，十分受欢迎。外观越饱满圆润的味道越好。用碱水将黏液与异味洗掉。

2

用沥水篮沥去水分，放入冷藏室存放至开门营业前。

3

开门营业前，再分切。输卵管周围会带有黏膜，切掉边缘后，再将这些黏膜切除。

4

将附着在输卵管边缘的粘膜摊开，将其从输卵管上切除。

Point 分切之后再划入刀纹

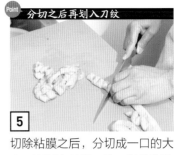

5

切除粘膜之后，分切成一口的大小，再划上几道刀纹。以此使猪花肠更易咀嚼，也更加入味。

用盐进行揉搓

6

将猪花肠放入盆中，撒上足量的盐，进行揉搓。

Point 加入盐后揉搓，去除异味与污垢

7

用手充分揉搓，将表面的异味、黏液和输卵管中的污垢都揉搓掉。将污垢揉搓出来后，用流水仔细冲洗。

8

仔细地将猪花肠清洗干净，注意避免盐残留。清洗干净后，用沥水篮沥干水分再调味。

调味

店内备有腌肉酱、盐酱、味噌酱三种调味酱。在接到顾客点餐后再调味。拥有不同基底酱汁的腌肉酱与调味酱会在每次上桌前，再添加上香味料、辣味料或香油，做最后的提味。

| 腌肉酱 | 盐酱 | 味噌酱 |

用酱油、砂糖、味淋等调味料制作成基底酱汁，上桌前再加入香油或其他调味料。

盐酱是以盐与黑胡椒混合而成的调味盐为基底。

内脏肉会以味噌酱为基底进行调味。将味噌、韩式辣酱、砂糖等调味料混合制成基底酱。

1 将基底酱汁加入香油、蒜泥、葱花、白芝麻和黑胡椒。

1 将混合好的调味盐加入蒜泥、葱花和香油。

1 选用颜色红艳的辣椒粉，与研磨后的辣椒籽混合。

2 充分搅拌均匀。

2 搅拌均匀。

2 在味噌酱中加入辣椒粉、香油、蒜泥、葱花、白芝麻和黑胡椒。

3 放入分切好的肉。如果是牛腹筋膜肉等易于吸附酱汁的部位，用手抓拌即可腌制入味。如果是带有脂肪的部位，则不能用手抓拌，而是浇淋上酱汁。

3 放入分切好的肉，充分抓拌腌制入味。照片中的是猪花肠。如果是脂肪分布漂亮的部位，只撒上调味盐即可。

3 用手充分搅拌均匀。加入分切好的肉，充分抓拌至入味。照片中的是牛大肠。

后腰脊翼板肉

　　将肉切成了突显美丽切面的肉片，看起来十分高级。先将肉切成切面为方形的长条状，再切出有棱角的切片。撒上颗粒较为圆润、带有清甜风味的喜界岛（日本鹿儿岛县）天然海盐，以及现磨黑胡椒，以此烘托出牛肉本身的风味。烤好后，再搭配盐和柚子胡椒酱一起享用。

特选牛五花肉

使用的是仙台牛靠近肋排的特上等部位。能被称为仙台牛的只有A5等级的和牛，是能够享用到极上等霜降牛肉的品牌牛。其所含的脂肪入口即化，风味清爽。"特选牛五花肉"的肉与脂肪之间有着极佳的平衡，能够同时品尝到肉的风味与脂肪的清鲜美味。使用腌肉酱调味时，由于肉中的脂肪与酱汁不相容，所以只需要蘸上酱汁即可。也很推荐用盐与黑胡椒、芥末来调味。

上等牛五花肉

从牛外腹部切下来的上等牛五花肉，是一个瘦肉与脂肪交错分布的部位，可以品尝到牛肉的浓郁风味。与腌肉酱相比，更适合用盐调味，撒上事先混合好的黑胡椒盐。盐使用的是混合了富含矿物质的喜界岛天然海盐的混合盐。会附上芥末一起上桌。因为芥末根部与顶部的辛辣程度与香味不同，所以会将整根的芥末磨成泥，混合均匀后再使用。

中等牛五花肉

　　从牛腹肋肉上切下来的中等牛五花肉，是一个脂肪分布细腻的部位，所以肉质也十分柔软。在店内的各种牛五花肉中最受欢迎，会搭配腌肉酱。上桌前再调味，在腌肉酱的基底酱汁里加入香油、大蒜、葱、芝麻、黑胡椒等用来增添香气的作料，混合调配好之后，浇在肉上。

牛五花肉

　　将牛腹肉中脂肪较少的部位或肉质较硬的部位等当作普通的牛五花肉售卖。虽然是普通的牛五花肉，但是也十分具有仙台牛的特点。在调味时会抓拌腌制，因此，搭配上米饭一起食用，会更加美味。

招牌盐葱牛舌

　　这道招牌菜一天会卖出接近200份。因此有些顾客在订位时就会点上。将葱花卷在里面，再绑成像包袱一样的可爱外形，烤好后牛舌的肉汁与葱花的香味十分搭配，也具有分量感。

牛腹筋膜肉

　　这是一个十分具有嚼劲的部位，越咀嚼越能感受到浓郁的牛肉风味在口中扩散开来。虽然肉质较硬，被认为不适合烧烤，但是店家会将其薄切，再划上细密的刀纹，即可以用烧烤的方式享用了。将腌肉酱充分浸入切口中，还可以品尝出腌肉酱的酱汁香味。

上等牛内脏

将清洗干净的牛大肠用辣味噌腌肉酱调味。在牛内脏菜单之中，牛大肠与同样受欢迎的含脂肪的牛小肠菜品"风味牛内脏"有着不同的风味特点，因此有许多顾客想要同时品尝两者。店内所使用的内脏肉都是当天现宰杀的，十分新鲜，再进行细致的处理，不会有牛内脏的异味。

猪花肠

猪花肠富有弹性，口感爽脆又有些许甜味，在喜欢内脏的食客中很有人气，是只有资深食客才知道的内脏肉之一。为了让顾客享用到猪花肠独特的口感，无论是用盐还是味噌酱腌制，都需要充分抓拌入味后再上桌。

烧肉家 Kazu 别邸

分店：新宿区店

回归原点让菜单焕然一新
"以牛腰脊肉作为牛五花肉"，其高品质获得好评

　　身为店铺经营者的赵和全先生，于2004年在东京立川开了这家炭火烤肉店，目前已有六家连锁店铺。

　　这样飞跃性的进展背后，源于一个相当大的转折点。2011年东日本大地震的一周后，他来到了朋友所在的石卷市，烤肉给灾民们食用。看着当地人吃下烤肉的满足神情，令他感受到"做烤肉这行真好"。当时还处于金融危机时期，店内生意也不算太好。他让自己的心态重新回到"让顾客觉得开心"的原点，将店内的菜单焕然一新，而价格维持不变。

　　以高级部位的牛后腰脊肉取代牛腹肉作为牛五花肉售卖。选用A5黑毛和牛的"后腰脊五花肉"，其高品质获得好评，在短期内就发展成生意兴隆的烤肉店。

　　目前店内严格挑选的后腰脊肉是采购自赵和成先生亲自走访、并花费5～6年建立起信赖关系的大型牛肉供应商。瘦肉部位选用的是完整的一整块牛后腿部位。将这个部位分切成作为店内招牌的"牛五花肉""牛里脊肉"与已有的经典烤肉菜品。根据肉的状态，巧妙地分切。不区分成上等或普通等级，而是通过改变切法或变换调味来增添变化。

店铺地址：东京都新宿区

厨师长·**郑昌秀**先生

在跟店铺经营者赵和成先生学习了烤肉技术后，目前兼任神乐坂的"烧肉家Kazu"和"烧肉家Kazu 别邸"两家店铺的厨师长。

* "烧肉家 Kazu 别邸"的菜单中写有"里脊肉"的菜品，使用的是牛腿肉，菜单上有明确说明"使用的是和牛腿肉"。

肋眼后腰脊肉

牛五花肉使用的是肋眼后腰脊肉（牛肋脊肉至后腰脊肉）部位。将肋眼后腰脊肉作为牛五花肉售卖，肋眼肉卷带侧肉作为安东尼奥牛五花肉售卖，除此之外也可做成其他菜品。

黑毛和牛A5

供应菜单

[分割]

切下肋脊皮盖肉

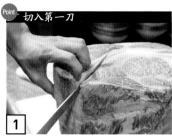

Point 切入第一刀

1 照片中的是14千克的肉。有时也会以一半的大小进货。用刀切入肋脊皮盖肉筋的边缘。

2 沿着切口顺着筋向前继续划入刀，将切口横向隔开。

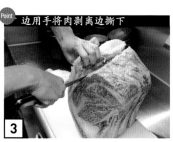

Point 边用手将肉剥离边撕下

3 将筋的前后两侧切出一道相连的开口以后，将切口朝上，一边用手将肉拉开，一边用刀切开。

4 切开之后会发现有一层膜。只要将膜切开，肉就能自然分离。将肋脊皮盖肉的边缘完全切开。

切下肋眼肉卷带侧肉

Point 切除时需要留意"副肋眼心"的部分

5 切下肋眼肉卷带侧肉。将位于牛肋脊肉侧肋眼心一带的副肋眼心切下，注意不要将其划伤。

6 在牛肋条侧的肋眼肉卷带侧肉与肋眼心之间的筋处下刀。

Point 沿着肋眼心下刀

7 压着肋眼心侧下刀，将肋眼肉卷带侧肉切下。

8 把肋眼肉卷带侧肉完整地切下来。肋眼肉卷带侧肉作为安东尼奥牛五花肉售卖，而筋较多的扁薄部分则作为牛肋条售卖。

切下牛肋条

9

接下来将牛肋条的部分切下。沿着牛肋条下方的筋划入刀。

Point **连同脂肪一起切下**

13

沿着肋眼心下刀。一边拉着牛肋条相连的脂肪部位，一边用刀划出一道切口。

切下副肋眼心

Point **将其保留作为副肋眼心售卖**

17

将连接肋眼心的副肋眼心切下来。副肋眼心的脂肪含量比肋眼心少，受到不喜欢脂肪的顾客们的喜爱。

Point **以用手将肉撕下来的方式进行切割**

10

如果用刀切，可能会把肉割伤。因此，主要采取用手将肉撕下的方式。刀用来将相连在一起的筋膜部分划开。

14

沿着肋眼心有弧度地划入刀，将厚厚的脂肪也切下来。

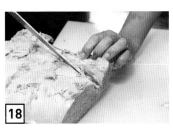

18

在肋眼心与副肋眼心之间的筋处下刀，沿着副肋眼心的形状划入刀。

11

将牛肋条撕开至边缘后，用刀将肉切下来。

Point **将脂肪内的肉用作牛五花肉**

15

从牛肋条下方切下厚厚的脂肪，只保留有肉的部分。

19

由于副肋眼心分量较少，所以经常会被熟客预订。有时也会作为牛五花肉售卖。

12

这是切下牛肋条之后的状态。牛肋条的下方还有一些肉分布在此处。将其也切下来作为牛肋条售卖。

16

由于切面不大，所以清理之后会和牛肋条一起售卖。

[商品化]

切下肋脊皮盖肉、牛肋条、副肋眼心后剩下的牛肋眼后腰脊肉。将表面多余的脂肪切除，仅留下薄薄的一层脂肪。

Point 预估需要的分量再分切牛排

一开始先切下要用作牛排的肉块。由于套餐里面也会用到，所以要多切一点。照片中切下来用作牛排的肉块分量为900克。

Point 以轻度分布其中的筋为基准进行分切

切下牛排用的肉块之后，继续分切出用于牛五花肉、炙烤薄切牛腰脊肉的肉块。察看肉的断面，以轻度分布于其中的筋为分切基准。

在断面中心的筋处下刀。左边的肉块用作Kazu牛五花肉，右边用作炙烤薄切牛腰脊肉。

Kazu 厚切牛排

在接到顾客点餐后，根据重量进行分切。一份为700克，半份为350克。

牛排厚切片

厚切牛排。根据切面的大小调整牛排的厚度。

炙烤薄切牛腰脊肉

切成稍微烤一下就能熟的薄切肉片。分切时察看肉的纹理与切面大小，按照四片100克的分量进行分切。

炙烤牛腰脊肉切片

能够清楚呈现出后腰脊肉脂肪分布的切片。如切面无法呈现出脂肪分布，要改变分切的截面。

Kazu 牛五花肉

Point 设想出成品的样子后，首先分切成长条状

将用作牛五花肉的肉块分切成长条状。先预估出切片的厚度与大小，决定要分切成几等份。

先切下一块，再将剩余部分切成两块。如果有多余的筋和脂肪，需要将其剔除。在表面留下一层薄薄的脂肪即可。

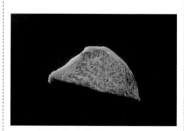

尽量垂直于肉的纹理下刀，切成呈现出漂亮脂肪分布的切面。

Kazu牛五花肉切片

比薄切肉片更具厚度的切片。切成脂肪的鲜美滋味可以扩散在口中的厚度。

牛肋条

骨膜也要仔细地剔除干净

1 由于是连接骨头的部分，有时表面会有骨膜残留。通过用手触摸来寻找，将骨膜和筋一起剔除干净。

2 因为要切成方条状，所以保持原本的厚度，只按所需要的长度分切。

切成方条状来营造口感

3 这是个脂肪含量较多、略有筋道口感的部位。为了让顾客能品尝到这样的口感，将肉切成有一定厚度的肉条。

牛肋条切条
即使是切面不够大的部位，也可以通过将其切成有棱角的方条状，来提升分量感。

肋脊皮盖肉

1 根据进货状况的不同，肋脊皮盖肉有时候不一定会连在后腰脊肉侧。因此，不将肋脊皮盖肉单独售卖，而是将其归入后腰脊肉牛肋条等肉品中。

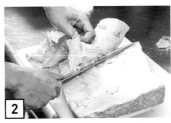

2 用刀将附着在肋脊皮盖肉与肋眼心交界处表面的脂肪剔除掉。

清理并调整形状

3 进一步大面积地将筋与脂肪切除的同时，将表面修理平整。

4 清理完成之后的状态。如果将脂肪剔除得太过干净的话，就会损失肉质的鲜美味，所以要留下少许脂肪。

使用断筋器使肉变得柔软

5 因为肋脊皮盖肉的肉质比其他部位稍硬一些，所以使用断筋器将肉的纤维截断。

6 顺着纹理，将肉分切成三等份的块状。

7 为了切出较大的切面，下刀时会倾斜刀身，斜切成片。

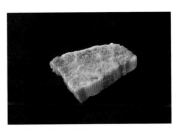

肋脊皮盖肉切片
这块肉肉质稍硬，所以使用断筋器，使肉变得柔软后，再分切成烤肉用的肉片。

分切技术

121

肋眼肉卷带侧肉

1 将肉切成能看到肋眼肉卷带侧肉形状的安东尼奥牛五花肉。将边缘的大片脂肪剔除掉。

2 将表面多余脂肪剔除后，切成一块200克的大肉块。根据肋眼肉卷带侧肉的大小调整分切厚度。

安东尼奥牛五花肉切块

先以这样的状态呈现在顾客眼前，再端至厨房，按照顾客人数分切，重新摆盘后再次端给顾客。

副肋眼心

1 这是只有肉中带有副肋眼心的时候才会售卖的稀有部位。照片为清理切下来的副肋眼心。

2 这是一个肉质软嫩、接近菲力的部位，所以要厚切。

副肋眼心切块

作为烤肉食材，是资深食客才会知道的菜品。作为脂肪少且肉质软嫩的瘦肉售卖。

调 味

烤肉的调味延续了店主老家烤肉店的好味道。也延续了接到顾客点单后才调味的"单份腌制"的方法。

蘸酱

除了蘸肉酱与柠檬蘸酱，还会根据菜品的不同而附上柚子醋酱汁、芝麻蘸酱、鸡蛋蘸酱、肉酱油。

蘸肉酱

在接到顾客点单后，才会调配出该单所需的腌肉酱。也会根据肉的状态来调整味道的浓淡，如脂肪较多的部位，就会调配出口味重一点的酱汁等。不是用抓拌腌制的方法，而是用酱汁将肉品包裹住，以这样的方式调味。

盐腌

也是在接到顾客点单后再调味的。将肉与盐、香油、白芝麻、葱花等调味料混合，再用手轻轻搅拌，将肉腌渍入味。牛五花肉、牛里脊肉用腌肉酱调味会更受顾客欢迎。选择盐腌外横膈膜肉与牛肋条的顾客更多。

后腿股
肉心

采购一整块后腿部位分别分割成外后腿肉、内后腿肉、臀肉、内腿肉下侧。后腿股肉心是从内腿肉下侧分切下来的部位，根据肉的外观美丽程度与肉质，分切成牛里脊肉刺身和涮牛里脊肉片。

黑毛和牛A5

供应菜单

牛里脊肉刺身　　　　▶130页
涮牛里脊肉片　　　　▶131页
烤牛肉盖饭等料理

1 在几乎已经清理完成的状态下进货。边角的部分肉质较硬，所以切下来作为烤牛肉等料理使用。

Point 察看肉质后，再根据菜单进行分切

2 分切成牛里脊肉刺身、涮牛里脊肉片两种。察看肉质纹理，将有脂肪分布且肉质柔嫩的一侧作为涮牛里脊肉片使用。

3 →**Ⓐ** 将步骤2的右侧部分切成涮牛里脊肉片。这个部分切面较大，能够衬托出肉片的美丽。将其分切成稍微烤一下就熟的薄片。

4 →**Ⓑ** 将步骤2的左侧部分对半切成两块，再垂直于肉的纹理，薄薄地分切。

Ⓐ 涮牛里脊肉片切片
　　将肉片切得大而薄，像涮肉用的肉片一样，用来烧烤。

Ⓑ 牛里脊肉刺身切片
　　将后腿股肉心中瘦肉比例较多的部分切成薄片。切得比涮牛里脊肉片稍微厚一些，以此进行区分。

123

下后腰
脊球尖肉

　　这是从内腿肉下侧分切下来的部位。瘦肉比较多，几乎没有脂肪分布在其中，可以品尝到浓浓的肉味。利用肉品的这一特点，将其切成块状作为肉味十足的瘦肉售卖。也会在重点部位使用断筋器把肉的纤维截断，再分切成涮牛里脊肉片和牛里脊肉刺身。

黑毛和牛A5

供应菜单

Point 在肉质变化的地方分切

1 下后腰脊球尖肉中，有肉质软嫩与肉质较硬的两部分。照片中右侧的肉质会渐渐变硬。在肉质软硬的交界处下刀分切。

Point 断筋器会使肉变得更软

2 这是从步骤1切下来的肉质软嫩的部分，但也具有后腿肉那样的肌肉弹性，因此在肉的两面都要使用断筋器，将肉的纤维截断。

3 切除无法切出适当切面大小的部分，用来制作成午餐或主餐中供应的烤牛肉料理。

4 先切下用作"肉味十足瘦肉"的肉块。以一盘一片120克售卖。

Point 一边察看切面状态，一边进行分切

5 "肉味十足瘦肉"使用的是几乎没有筋，且可以呈现出瘦肉漂亮外观与柔嫩口感的部分。

Point 切至肉质变硬的部分则改为薄切

6 →Ⓐ 随着肉质渐渐变硬，改为薄切，分切成涮牛里脊肉片。

7 将从步骤1切下来的肉质较硬的部分分切成长条状，再分切成牛里脊肉刺身肉片。

Point 进一步使用断筋器截断纤维

8 由于这个部位的肉质较硬，所以也需要使用断筋器截断肉的纤维。经过断筋处理之后的口感会更佳。

内后腿肉

9 → Ⓐ

察看肉的纹理，下刀要垂直于纹理。

10

察看肉片的切面，如果纹理较粗且有筋分布其中的话，就另作他用。

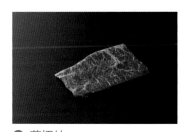

Ⓐ 薄切片

将切面不大的部分用于牛里脊肉刺身，切面较大的部分用于涮牛里脊肉片。每片肉的大小略有差异。

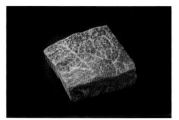

Ⓑ 厚切片

先将肉切成接近正方形的大肉块，再将肉厚切。最后再根据顾客人数分切，端至客席。

将这个在后腿肉里脂肪分布适当，且断面外观漂亮的部位，当作Kazu牛里脊肉售卖，是店内牛腿肉菜品中的特上等肉。内后腿肉的脂肪较清爽，品尝起来美味多汁。

黑毛和牛A5

供应菜单

Kazu牛里脊肉　　　　　▶129页

1

在清理完成且经过分割处理的状态下进货。这个部位虽然是瘦肉，但是仍有充分的脂肪分布其中。为了使肉易于后续的分切，会先将肉切成几个大块。

2

将4千克的内后腿肉块分切成三等份。

3

肉片的美观形状也是店内的特色之一。为了让切面的边角显得漂亮，会垂直于切面下刀。

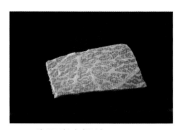

Kazu牛里脊肉切片

在后腿肉之中，这种肉片断面的美丽程度是十分出众的。调整分切肉块的形状，将其切成方形肉片。

Kazu牛五花肉

　　"烧肉家Kazu"的牛五花肉为了区别于其他烤肉店，使用了优质的后腰脊部位。花费多年时间与大型肉品供应商建立起深厚的信赖关系，才能采购到品质获得认可的优质肋脊后腰部位。再通过漂亮的分切方法，衬托出断面美丽的油脂分布。

安东尼奥牛五花肉

　　这道菜在团体客中深受好评。先分切成200克的大肉块，来营造视觉冲击感。再根据顾客人数分切，并重新摆盘。照片中是将肉块分切成了六片。也可以根据顾客的喜好厚切或薄切，撒上盐与黑胡椒，再附上青柠檬上桌。

后腰脊牛肋条等肉品

将可以享用到浓郁牛肉风味的牛肋条部位切成有棱角的长条状，而不是随意切成边角肉。通过改善分切方法，来提高肉本身的品质。还会加入肋脊皮盖肉和肋眼肉卷带侧肉这些切面不大的部位，所以菜品名称加上了"等肉品"。推荐用盐调味，在肉品中轻拌入盐、香油和芝麻调味。

炙烤薄切牛腰脊肉

用寿喜烧的方式品尝烤肉。快速将肉烤熟后，搭配鸡蛋液蘸酱享用。用手工分切的方式将肋脊后腰肉薄切成片，再淋上酱汁盛盘。鸡蛋液蘸酱的特色是具有蛋黄的香醇风味，将蛋黄与蛋清以2:1的比例进行混合。然后将混合好的酱油与辣椒点缀在蛋液上，可以起到提味的作用。

Kazu牛里脊肉

　　使用在后腿肉中也有漂亮脂肪分布的部位，是三种原料中的特上等肉。这道菜的三种原料分别是上后腰脊肉、下后腰脊三角肉、内后腿肉，会根据当天的进货情况与点餐数进行调整。不论是牛五花肉和腿肉，店内有不少顾客都喜欢用腌肉酱汁调味。在接到顾客点餐后，混入调味料，轻轻拌在肉上。

肉味十足的瘦肉

　　具有下后腰脊球尖肉才有的瘦肉风味，越是咀嚼，越能够品尝到肉汁在口中扩散的滋味，是喜爱瘦肉的顾客难以抗拒的一道菜。仅用盐与黑胡椒事先调味，以此激发出牛肉本身的风味。上桌时会附带烤肉方法：不需要烤得太熟，仅将外部烤熟即可。蘸酱则推荐搭配风味清爽、添加了洋葱泥与蒜泥的柚子醋酱汁。

后腿股肉心

下后腰脊球尖肉

牛里脊肉刺身

　　将后腿股肉心与下后腰脊球尖肉中瘦肉比较多，且肉质较硬的部位用作牛里脊肉刺身。因为其肉质较硬，所以会使用断筋器把肉变得柔软。虽然是普通牛腿肉的价位，但是撒上葱花，并淋上充足的酱汁，就能品尝到其他烤肉没有的好滋味。食用时，将葱花卷起来品尝。

130

后腿股肉心

下后腰脊球尖肉

涮牛里脊肉片

价位在Kazu牛里脊肉和牛里脊肉刺身之间，不只是肉质不同，在切法和调味上也有变化，这样可以让烤肉更加多样化。将肉片切得大而薄，烤熟后像涮肉片那样蘸着芝麻酱享用。将酱油与辣椒混合后，加在芝麻酱里面，可以增添少许辣味。蘸酱会根据顾客人数进行准备。

东京·新桥

Nikuazabu

分店：新桥 Gems 店

从酒吧的经营形态出发
用灵活的想象力让烤肉事业充满了独创性

　　犹如酒吧一般的吧台式装修风格，营造出一种即使一个人去，也能安心享用烤肉的氛围。这家Nikuazabu烤肉店因此很受欢迎。不只是空间舒适，可以按片下单的A4等级以上黑毛和牛、新鲜度超群又没有特殊气味的内脏肉也是其魅力之处。只要3000日元（约154元人民币）就可以品尝到有13种当日推荐肉品的"主厨精选套餐"，深受好评。自2011年开店以来，稳步扩展店铺，现在已经在东京开设了六家店铺。

　　自从开店以来，就协助店铺开发菜单的厨师长近藤优先生，是从完全不了解肉品，也不懂烤肉的门外汉开始努力的。他一边效仿其他店家和肉品从业者值得学习的经验，一边追求"新颖的烤肉风味"，不断磨炼自身的技术，进而可以凭借灵活的想法来开发新菜单。如店内会准备十种以上的蘸酱，为了让顾客能清爽地享用内脏肉，还会搭配清汤一般的和风高汤。许多店铺都会采用浓郁的酱汁来遮盖内脏肉的特殊气味，而这家店铺则是采用彻底洗净内脏肉特殊气味的方法，让顾客可以清爽享用内脏肉的香味与口感。"主厨精选套餐"会由店员一边烤肉一边推荐适合的蘸酱。这样有活力的服务也是店内的魅力之一。

店铺地址：东京都港区

厨师长·近藤优先生

从零开始学习了肉品的相关技术，为店铺建立起口碑。用不同于以往理论限制的灵活想象力，开发出了崭新的菜单。

下后腰脊三角肉

从内腿肉下侧切下来的部位，脂肪含量较少，能够品尝到满满的瘦肉风味。因为形状不太规则，所以采取将切面较大的部分薄切，将切面较小的部分厚切的方式。如果切下边角肉的话，就会降低商品价值，因此将其切成三角锥形的独特厚切形状，下足功夫做到物尽其用。

黑毛和牛A5

供应菜单
主厨精选套餐（下后腰脊三角肉）

▶146页

1

将内腿肉下侧分切成下后腰脊三角肉、后腿股肉心、下后腰脊球尖肉、外后腿股肉，均是在清理完成的状态下进货的。

2

沿着中间的凹陷处下刀，将其分切成两大块肉。由于这是一个肉质较有弹性的部位，所以薄切。

3

切成两大块后，按照原本的形状，将其分切成长条状，尽可能切出较大的切面。

Point 察看肉的纹理，切出大切面

4

切出垂直于纹理的切面。先垂直于肉的纹理下刀，切下边缘的一块肉。

薄切

1

沿着这个垂直的切面，薄薄地分切。

2 Ⓐ

在营业前分切，切好的肉片不重叠，根据每人份的量平铺在厨房用纸上面。

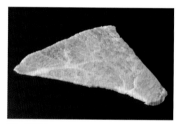

Ⓐ **薄切**

切面较大的部分薄切。在"主厨精选套餐"中，会与同样薄切的下后腰脊球尖肉、后腿股肉心组合在一起，让顾客品尝到不同之处。

Ⓑ **厚切**

切面较小的部分厚切。将肉切成类似三棱柱的形状，一片肉就可以品尝到厚与薄的不同口感。

后腰脊
翼板肉

厚切

1 下后腰脊三角肉前端的形状逐渐变尖的部分，采用不同的厚度分切，将切面与切面之间的间距呈三角形再下刀。

2 改变下刀角度的同时，将肉切成三角锥的形状，尽量保持每片肉的形状一致，切出分量感。

Point 切不出好形状的部分就切夹刀片后摊开

3 一边估算大小，一边均等地将肉分切，尽量不要出现边角肉。切不出好形状的时候，就切成夹刀片，然后摊开。

4 →**B** 将肉切成三棱柱的形状是这家店独有的。为了让不易切成长条状的部分，可以分切成相同的大小而采用的方法。

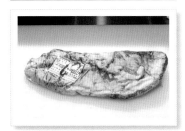

在牛中腹部的部位，是类似于菲力的部位。肉质像菲力那样柔软，脂肪也适度地分布于其中。这样味道鲜美的高级脂肪，拥有许多爱好者。为了让顾客享用到肉的软嫩，将肉切成约1.5厘米厚的厚切肉片。

黑毛和牛

供应菜单

黑毛和牛后腰脊翼板肉　　　▶144页

1 在剔除筋与脂肪的状态下进货。顺着纹理，将肉切成长条状。

Point 垂直于肉的纹理下刀

2 一边确认肉的纹理走向，一边将其分切成厚肉片，厚度约为1.5厘米。

3 垂直于肉的纹理下刀，这样可以呈现出美丽的脂肪分布。

后腰脊翼板肉切片

以一片约20克为基准分切，可以让顾客享受咀嚼时扩散在口中的牛肉美味。

牛心

　　口感爽脆又没有特殊气味的牛心，非常受女顾客的青睐。因为含有丰富的维生素与铁，人们觉得比较健康滋补。店家利用其容易切出适宜形状的优点，以一盘100克的厚切形式售卖。进货时就选择那些已经剔除脂肪并清理完成的牛心。

日本产

供应菜单

前所未有的牛心　　　　　▶142页

1 先将牛心切成容易处理的大小，再根据牛心的厚度分切。

2 以一片100克的分量分切。切成大而厚的切片。

3 将残留在周边的筋与血管切除。如果有残留，会影响口感，所以需要仔细地清除干净。

牛心切片

将切成一大片的牛心竖着分切成两块，一盘上面盛放一片。

金钱肚

　　这是牛的第二个胃。具有像蜂巢一样的独特外观，因为带有动物内脏的味道，所以先焯水再水洗，将味道去除干净后烫煮约6小时，使其成为具有清爽风味、易于食用的烤肉食材。切成独特的三角形。

日本产

供应菜单

炖牛肚　　　　　　　　　▶142页

内脏六品拼盘　　　　　　▶145页

1 进货选择的都是已经处理干净的。先将一片金钱肚切成容易处理的大小，然后放入装有凉水的锅中，加热焯水。

2 待锅中的水沸腾后，将水倒掉，用水清洗干净，去除异味。需要反复清洗两次，然后用热水没过金钱肚，烫煮约6小时。

3 烫煮至变软后，充分去除水分。先将其切成容易分切的长条状，再切成照片中所示的长三角形。

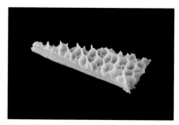

金钱肚切片

利用金钱肚的独特之处，切成形状有趣的切片。用充满立体感的方式摆盘。

酱　汁

招牌菜品是具有很高人气的一枝独秀的"主厨精选套餐"，因为不同的肉类搭配不同的调料能够发挥出更美妙的滋味，所以店家准备了8种蘸酱。事先调味大多采用能够突显出肉品风味的盐腌。比起事先调味，店家更重视烤好的肉与蘸酱或调味酱是否能搭配出协调的整体味道。

基本的调味

为了衬托出这些个性化蘸酱的味道与香气，盐腌调味的基底中不加入香油，而使用香味清爽的特级初榨橄榄油。将混合好的调味料铺于盘上后，再摆放上肉品，或是将调味料浇淋在摆好的肉片上，这样的调味方式不会影响肉品的风味与口感。盛盘后再撒上黑胡椒。

蘸酱

为了满足喜好经典风味的顾客，在靠近顾客一侧的餐桌上摆放了经典的蘸肉酱、萝卜泥柚子醋、柠檬等。另一侧则摆放了蜂蜜黄芥末酱、法式蘑菇泥酱等个性化的蘸酱。香辛海藻酱是由青海藻与山椒、柚子胡椒酱混合而成的。日式塔塔酱则是在普通的塔塔酱中加入了紫苏渍酱菜，单独吃也十分美味。

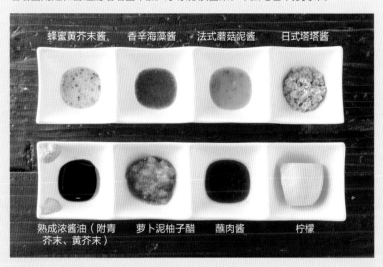

蜂蜜黄芥末酱　　香辛海藻酱　　法式蘑菇泥酱　　日式塔塔酱

熟成浓酱油（附青　萝卜泥柚子醋　　蘸肉酱　　　　柠檬
芥末、黄芥末）

高汤酱汁

传统上风味独特的内脏肉一般搭配味噌腌肉酱，但这家店打破了这种固有传统，另辟蹊径选用了日式高汤酱汁。以昆布与柴鱼片熬煮出来的初次萃取的高汤为基底，再加入酱油、味淋、酒、盐调味，制作出像日式高汤一样可以喝光的高汤酱汁。为了熬煮出适合与内脏搭配的汤底，增加了柴鱼片的分量，熬煮出风味浓郁的高汤。趁热再加入阳荷（姜科植物）、葱花、西芹、芝麻等调味作料，用来增添香气。与风味清淡的高汤搭配，顾客可以清爽地享用内脏肉。

毛肚

毛肚又叫百叶、千层肚，是牛的第三个胃。将其焯水后，剥除黑褐色的表皮，就可以得到白色的毛肚，店内所使用的就是剥除表皮的白色毛肚。虽然与一般毛肚相比，腥膻味比较淡，但如果与高汤搭配的话，就会品尝出轻微的异味。因此，要充分将其揉搓清洗干净。保留褶皱部分的长度分切，让顾客可以细细品味特殊的口感。

日本产

供应菜单

1 为了将黏液与异味清除干净，一边用热水冲，一边用手搓洗。

Point 用热水冲洗掉黏液与异味

2 褶皱与褶皱之间也需要洗干净，仔细洗掉黏液与异味。在这个阶段可以清洗掉大部分异味。

Point 用碳酸水彻底清洗

3 用沥水篮沥干水分后，用碳酸水洗掉污垢。再次用清水冲净。

4 重复步骤3，彻底洗净。

5 将褶皱整理好后，一边翻动褶皱，一边在褶皱与褶皱之间下刀，以背面的宽度为基准，将其分切成约3厘米宽的块。

Point 划入刀纹会更易于食用

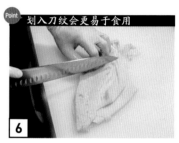

6 翻到背面，在上面斜着划入刀纹。这样可以降低毛肚的硬度，使其更易于食用。

7 保持褶皱原本的长度，从边缘开始以1~2厘米的宽度分切。

毛肚切片
利用毛肚的褶皱，分切成细长片，将每片单独地卷起来，摆入盘中。

伞肚

这是牛的第四个胃。在内脏肉中是黏滑程度最大的一个部位。先用面粉揉搓清洗,再用碳酸水清洗,按照这个步骤将伞肚彻底清洗干净。碳酸水具有清除黏液和污垢的作用,也可以用这个方法清洗其他的内脏。在两面均划上刀纹,使其变得易于咀嚼。

日本产

供应菜单

1

使用较为肥厚,且带有脂肪的优质上等伞肚。粉红色的皮上有较多的黏液与污垢。

Point 用面粉揉搓出黏液与污垢

2

用水清洗过一次后,沥去水分。再撒上足量的面粉,以皮为主,将污垢揉搓出来。

3

将黏液与污垢揉搓出来,水变混浊后,用流水冲洗。仔细地清洗至盆内的水变得清澈透明,再用沥水篮沥去水分。

Point 用碳酸水进行最后的清洗

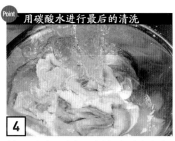

4

放入盆中,倒入冰的碳酸水仔细揉搓,将残留的黏液与污垢清洗掉,再用流水冲洗。

5

仔细擦去水分,将其切成长条状。根据皮与脂肪的厚度决定分切的宽度。较厚的部分要切得窄一些。

Point 两面都划上刀纹

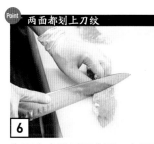

6

为了令伞肚易于食用,在两面都划上刀纹。以5毫米左右的间隔斜着划入刀纹。

7

在脂肪一侧也同样斜着划入刀纹,深至烤肉时不会碎掉的程度。

伞肚切片

皮为粉红色的漂亮切片。仔细划入刀纹之后,将其切成一口能吃掉的大小。

牛小肠

将含有充足脂肪的小肠翻面，使有整条脂肪的一面朝外。这个部位在喜爱脂肪鲜美滋味的顾客中很受欢迎。为了去除异味，务必仔细去除肠内的黏液和污垢。

日本产

供应菜单

1

先用水洗一遍，沥去水分，再撒上充足的面粉，用面粉清洗牛小肠的粘膜。

Point 撒上面粉揉搓出污垢

2

撒上面粉，仔细地将黏液与污垢揉搓出来。

3

当液体变得混浊后，用流水清洗。仔细地清洗至盆中的水变清澈透明为止。

4

用沥水篮沥去水分后，倒入碳酸水。使用冰的碳酸水，这样不会伤到内脏肉。

Point 充分揉搓至气泡消失为止

5

只要稍加揉搓，就可以将污垢清除。如果还有泡沫的话，就说明还有黏液残留，需要再揉搓。

6

揉搓至不再有污垢浮出后，用流水冲洗干净，再用沥水篮沥干。

7

以3毫米的长度分切。

牛小肠切块

将污垢清洗干净后，看上去十分漂亮。切成六块，每块100克。

牛大肠

　　使用的是牛大肠里极为肥厚，且肠皮纹路漂亮的部分。由于这个部位有强烈的异味，因此用面粉充分揉搓之后，再进一步用碳酸水清洗。如果还有味道残留的话，就会与"高汤酱汁"不搭配，因此需要将异味彻底清洗掉。为了使其更易咀嚼，会先划上刀纹再分切。

日本产

供应菜单

1

脂肪味道鲜美也是牛大肠的魅力之处，所以店家尽可能选用脂肪含量丰富的牛大肠。

2

用清水洗过一次后，沥干水分。再撒上足量的面粉，进行揉搓。

3

将黏液与污垢揉搓出来，直到液体变得混浊后，再用流水仔细冲洗干净。

Point **确认是否有污垢残留**

4

牛大肠上面可能仍会有污垢残留，需要将这些污垢清洗干净。

5

先用沥水篮沥去水分后，倒入冰的碳酸水，再次揉搓去除污垢。

Point **划入刀纹使其易于咀嚼**

6

用流水冲洗干净，并擦干水分，在肠皮侧以5毫米左右的间距划入刀纹，深至烤肉时不会碎掉的程度。

7

以四块100克为基准，将牛大肠切块。

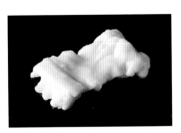

牛大肠切块

因为牛大肠较为扁薄，所以分切时要切得大一点。由于口感筋道，因此需要划入刀纹便于咀嚼。

炙烤牛百叶

再次清洗白色的毛肚，直到完全没有异味。店家在调味时，使用香气清淡的橄榄油，而一般盐腌调味中会用味道强烈的香油，这是与其他烤肉店不一样的地方。牛百叶味道清爽，口感独特，在女性顾客中也很受欢迎。

炖牛肚

花费6小时熬煮金钱肚，煮至可以轻松咀嚼，口感软嫩筋道的程度即可，可以品尝出金钱肚本身的鲜味。店家下足功夫，构思出了独特的切片形状，可以让顾客同时品尝到牛肚表面香脆、内部软嫩的口感。以看起来有趣，又有立体感的方式摆盘。

前所未有的牛心

将牛心切成厚片的切法十分大胆。为了让顾客可以充分品尝到牛心爽脆筋道的口感，以及清爽鲜美的风味，店家将其切成厚片。待烤好后，再根据喜好切成适当的大小。淋上大量的盐腌调味汁，是为了防止牛心烧烤后变得太干。

伞肚

　　将味道较重的伞肚彻底清洗干净，洗掉异味，让顾客可以品尝到伞肚富有弹性的独特口感与脂肪的鲜味。为了使伞肚更易于咀嚼，会在两面都划上刀纹，这样可以令烧烤后的口感更佳。

牛小肠

　　为了让顾客品尝到内脏肉脂肪的鲜美滋味，店家选用了牛小肠。在口中咀嚼后，包裹在肠壁中的脂肪鲜味会立刻在口中扩散。将其分切成每块14~17克的一口大小，一盘分量约为100克。

牛大肠

　　由于牛大肠本身较扁薄，所以将其分切成大块，以一盘四块的分量售卖。因为已经彻底清洗掉污垢，其外观呈漂亮的淡粉色，也没有异味，风味十分清爽。淋上大量的盐腌调味汁，再撒上黑胡椒来提味。

黑毛和牛后腰脊翼板肉

　　烤牛五花肉与牛里脊肉是烤肉菜单中的经典菜品，其使用的是高性价比的澳大利亚产大麦牛。除此之外，店家也准备了使用A5等级黑毛和牛稀有部位的烤肉。后腰脊翼板肉的位置接近菲力，是一个肉质软嫩，且脂肪分布漂亮的人气部位。将其切成厚片，可以使顾客充分品尝烤肉的鲜香。

内脏六品拼盘

*照片为双人份

将当天推荐的内脏肉组合成拼盘售卖。照片中的是六品拼盘，另外也有价格更低的三品拼盘。顾客可以同时品尝比较不同风格和种类的内脏肉，因此广受好评。这些经过彻底清洗的内脏肉，无论哪一个部位都没有异味，搭配上风味清爽的日式高汤，味道十分协调。加入了阳荷和葱花等调味料，令风味更加鲜香。

照片中分别为猪喉软管、牛小肠、牛大肠、炖牛肚、炙烤牛百叶、伞肚。

猪喉软管

牛小肠

牛大肠

炖牛肚

炙烤牛百叶

伞肚

主厨精选套餐

* 照片为双人份

将牛舌与内腿肉下侧部位、寿喜烧吃法的后腰脊肉、内脏肉等，一共13种肉品，以突破常规的高性价比，打造出每种肉品都有一片的套餐。不但满足顾客"想要少量多样地品尝各种肉品"的心愿，还会提供由店员负责烤肉的服务，使其成为店内的招牌菜单。另外，还有肉品整体等级更高一等的"主厨名流精选套餐"。

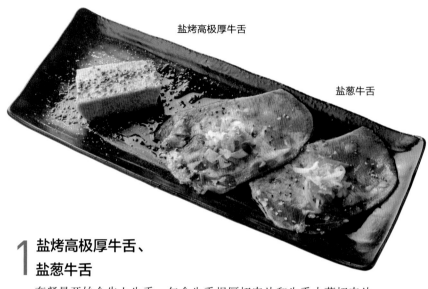

盐烤高极厚牛舌

盐葱牛舌

1 盐烤高极厚牛舌、盐葱牛舌

套餐最开始会先上牛舌，包含牛舌根厚切肉片和牛舌中薄切肉片，顾客可以品尝到牛舌不同的柔软度与浓淡味道。牛舌根切除了周边的部分，只使用肉质软嫩的部分。牛舌中肉片上会撒上葱花，再撒上盐，制作成盐烤牛舌。

2 下后腰脊三角肉、后腿股肉心、下后腰脊球尖肉

第二道料理是从内腿肉下侧分切下来的三种部位，组合成拼盘。即使是相连的瘦肉部位，也有着不同的口感与肉质。薄薄地分切，将每种肉切成每片17克左右。

下后腰脊球尖肉

下后腰脊三角肉

后腿股肉心

"主厨精选套餐"会搭配8种蘸酱组合。除了寿喜烧式烤肉和内脏肉之外的烤肉料理，都可以搭配这些蘸酱一起享用。店员会一边帮助烤肉，一边为顾客介绍该肉品最适合搭配的蘸酱。为了发挥出蘸酱的美味，肉品在事先调味时使用无明显香味的橄榄油，进行盐腌调味。

内横膈膜肉

夏多布里昂猪排

鸡腿肉

特选牛排（下肩胛翼板肉）

3 内横膈膜肉、夏多布里昂猪排、鸡腿肉、特选牛排（下肩胛翼板肉）

该菜品使用的食材十分丰富，除了牛肉之外，还选用了鸡肉和猪肉。鸡腿肉使用的是日本山梨县产的"甲州健味鸡"。猪肉选用肉质软嫩的菲力。特选牛排则使用的是上后腰脊肉或下肩胛翼板肉。

4 寿喜烧式烤肉

寿喜烧式烤肉使用的是和牛的后腰脊肉。店家在肉片上淋上大量特制的调味酱汁，还附上一小碗蛋黄液，中央摆放上一小口米饭。将烤好的肉卷上米饭一起享用。

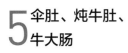

5 伞肚、炖牛肚、牛大肠

在享用过咸咸甜甜的寿喜烧式烤肉之后，以风味清爽的内脏肉收尾。将烤好的内脏肉浸在日式清汤一般的高汤酱汁中，可以感受到极具个性化的筋道口感。溶入内脏烧烤汁的高汤酱汁会显得更美味，加在高汤酱汁中的调味作料也能使余味更清爽。

伞肚

炖牛肚

牛大肠

大阪・吹田

Densuke

店主凭借高明的进货方法
令食材的新鲜度超群
备受顾客们喜爱

　　这家店铺地处偏僻的位置，令人不禁会有"怎么会把店开在这里"的疑问。但即使这样，在周末用餐时间限定为2小时的情况下，仍可以达到翻三次桌的火爆程度。自2016年开店以来，便凭借优越的性价比和分量十足的摆盘，以及豪迈的单片分切尺寸，获得一众好评。不仅只在本地人中很受欢迎，也有外地顾客开车前来，与家人一同品尝烤肉，令这间店铺的气氛十分热闹。

　　店内供应的内脏肉，其魅力不只是十足的分量感，也在于肉品的新鲜程度。身为店主的新田谷淳先生，于35岁结束了上班族的生活，在从未接触过烤肉的情况下毅然开店。

　　"想开一间供应下町风情烤内脏肉的、有妈妈味道的烧烤店"，以此为目标，再加上当地"只要能做出真正美味的料理，顾客自然会前来"的习惯，这家店铺每天都在各种试错中成长。而其中尤为重要的一点是，确保新鲜内脏肉的货源。历经10年时间，终于可以有稳定的供货渠道。店家至今仍然不断拓展进货渠道，店主亲自办理进货事宜，用双眼亲自确认后，再进行采购。店家始终坚持着"酱汁是烤肉的灵魂"的信念，无论是腌肉酱还是蘸酱，都致力于做出从小孩到老人都可以品尝到其中美味的酱汁。

店铺地址：大阪府吹田市

店长・蒲地荣一郎先生

在大阪餐饮店内积累了足够的经验，开始担任"Densuke"烤肉店的店长，内脏肉的事先处理也是在店内学习的。"希望顾客可以享用到新鲜的内脏肉"，基于这个想法，为顾客提供极具魄力的内脏菜品。

牛舌

以"尽量选用日本本土牛内脏"为原则。牛舌也是采用低温冷藏的方式进货。由于内脏肉遇冷会收缩，舌皮更容易剥除，所以会在冷藏室冰过后，再进行清理。将舌根用作盐烤牛舌售卖，舌尖下的瘦肉部位则用作边角肉售卖。

日本产

供应菜单

盐烤牛舌 ▶163页

处理

1

从牛舌的侧边开始，剥除舌皮。

Point 切除侧面的淋巴结

2

牛舌的两个侧边都有淋巴结分布，将其与筋、脂肪一起切除。

3

剥掉侧边的皮后，继续割除牛舌上方的皮。抓住舌皮边缘向上拉起，同时将刀划入皮与肉之间，切除舌皮。

Point 舌下部分的皮也要切除

4

切除舌下侧的舌皮时，先在舌尖处切一刀，再从该处开始剥除。反手将刀划入皮与肉之间，一边拉着舌皮，一边划入刀将皮切下。

分切

Point 在凹陷处下刀

1

凹陷处是肉质有所变化的交界处，在此处下刀，将肉分切成两部分。舌尖一侧作为100克600日元（约30元人民币）的边角牛舌肉售卖。

Point 将肉调整并固定形状后，再放入冷冻室

2

将切下舌尖后的牛舌用保鲜膜充分包裹起来，再放入冷冻室，不完全冷冻的进行低温定型。

3

冻好后，牛舌会更容易分切。上桌前取出，垂直下刀分切成牛舌厚片。

4

再对半分切。

牛下巴肉

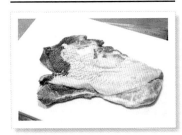

　　这是牛的下颚部位。据说是最常活动的肌肉部位，肉质较硬，且有许多筋分布于其中，因此十分有弹性。将其切成较小的肉片，可以品尝出越嚼越有味道的浓郁风味。放入冷冻室里，经过低温定型后再薄切。

日本产

供应菜单

牛下巴肉（盐味）　　▶164页

处理

1 剥除表皮。连同突出的部分一起，将表面一层厚厚的皮剥除。

2 黑色的V形部分，是连接着牛脸颊的部位。这里的肌肉更为发达。将皮连同黑色部分一起剔除干净。

3 这是牛下巴剥完皮的状态。牛脸颊肉一侧的肉质较硬。

Point 将其半冷冻，方便进行薄切

4 由于这是相当有嚼劲的部位，所以需要薄切。考虑到里面的筋也很硬，不易分切，所以放入冷冻室里先将肉定型。

分切

Point 切夹刀片

1 由于肉的切面不大，所以切夹刀片再摊开。

Point 从两侧切

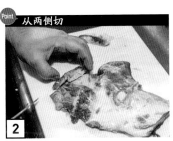

2 牛脸颊肉一侧靠近嘴巴的部分，脂肪分布与肉质软硬程度不太一样。从两边开始分切，让同一盘里的肉不要有太明显的差异。

牛下巴肉切片

基本上采用薄切，由于是比较扁平的部位，所以切夹刀片再摊开。可以稍微带一点儿脂肪。

外横膈膜肉

使用和牛的外横膈膜肉，以"Densuke才有的豪迈尺寸"售卖。1片肉的重量为40~45克，一盘5片肉为200~250克，相当有分量。这样的分量，使其成为一道必定会售罄的人气菜品。将较厚实的部分作为外横膈膜肉售卖，较薄的部分则作为边角外横膈膜肉售卖。

日本产

供应菜单

外横膈膜肉　　　　　▶163页

外横膈膜肉厚切片

斜着下刀，可使切片面积更大。

处理

Point　**用手剥除筋膜**

1 用手将外横膈膜肉表面的筋膜剥除。筋膜焯水之后再熬煮，可制作成入口即化的味噌酱煮料理。

2 从其中一边剥到另一边。用手就能够轻松剥除。

3 多余的脂肪也用手撕开，将其剥除。

4 这是剥完之后的外横膈膜肉。保留下适当的脂肪，这样可以在烧烤后品尝到脂肪的鲜美味。

分切

Point　**分切较厚的部分**

1 将厚实的部分分切成段。平行于外横膈膜的纹理，以5~6厘米的宽度将其分切成段。

2 肉较薄的部分则切下来用作边角外横膈膜肉售卖。

3 一边清除每段肉上多余的脂肪，一边将其分切成每片40~45克的厚切肉片。下刀时微微倾斜刀身。

4 用作边角肉的部分则切成一口的大小。边角外横膈膜肉一人份100克，价格为600日元（约30元人民币）。

牛心
牛肺

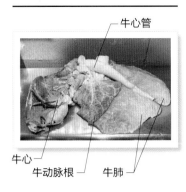

牛心管
牛心
牛动脉根 牛肺

在牛的心脏到肺部的脏器部位连在一起的状态下进货，这是因为在店内自行分割处理，会让脏器接触空气的时间缩短。接触空气时间长短不同，肉品的新鲜程度也会有明显差异。完整的脏器部位，可以分割出牛心、牛动脉根、牛心管、牛肺等部位。

日本产

供应菜单

[分割]

切下牛肺

1 照片中使用的是F1杂交牛的脏器。如果温度上升的话，就会影响新鲜度，所以先浸泡在水中。最开始先将单侧牛肺切下。

2 牛肺有两个。从大静脉的根部切下一个肺，接着再切下另一个。照片中左手拿着的就是牛肺。

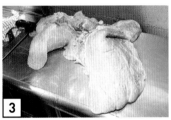

3 这是切下来的牛肺。表面有粉白色的薄膜。这个部位吃起来没有什么特殊味道，口感像果冻。

切下牛心管（大动脉）

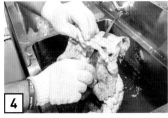

4 接着将连着牛动脉根的牛心管切下来。牛心管指的是牛的大动脉。在牛动脉根与牛心管之间下刀。

5 由于形状比较复杂，所以提着牛心管的同时，用刀划开连在一起的部分，将牛心管切下来。

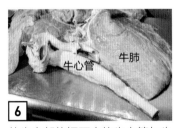

牛心管 牛肺

6 从牛心部位切下来的牛心管与牛肺。牛肺直到下个步骤前，都要浸泡在水中，以防温度上升。

7 将残留的牛心管也切下来。

[分切]

牛心

分切牛心与牛动脉根

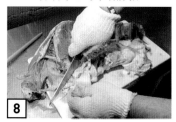

8

切下附着在牛心前面的牛动脉根。一手抓着牛动脉根，拉开与牛心之间的交界，用刀划开。

Point 先切块，使其易于分切

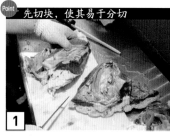

1

牛心切成块。由于形状不规则，所以先将其切成容易处理的块状。

牛动脉根

5

牛心管根部位置有一层厚厚的脂肪。由于希望让顾客品尝到清爽的风味，所以会将上面的脂肪全都剔除掉。

Point 割开线状部分，露出交界线

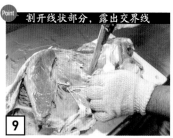

9

看起来像线的部分是毛细血管。只要切开这些线，就能看到牛心与牛动脉根的交界线。

2

接着进一步切成一人份100克的块状。"希望可以痛快地享用"，因而将其切成大片。

Point 切除厚厚的脂肪

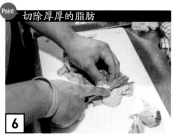

6

将牛动脉根上的大片脂肪和切不出动脉的部分切掉之后，将其分切成段。

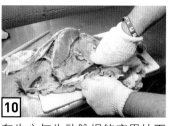

10

在牛心与牛动脉根的交界处下刀，将其切开。

Point 剔除多余的脂肪

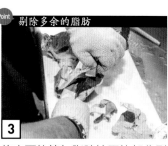

3

将表面的筋与脂肪较厚的部分剔除。希望吃起来清爽一些，所以尽量剔除掉脂肪。

7

为了充分品尝动脉爽脆又富有弹性的口感，需要将其切成大片。

11

牛心与牛动脉根（照片中右侧）。牛心接下来会先切成块，再进一步分切。

4 A

分切厚度根据切面的大小调整。垂直于肉块下刀分切。

Point 划入刀纹，会更加易于咀嚼

8 B

在牛动脉根的表面斜着划上细密的刀纹，使其变得更易于咀嚼。如果有较为厚实的部分，也在其背面划上刀纹。

牛心管

1

牛心管就是牛的大动脉，也就是粗大的血管。为了方便分切，会先将形状不完整的部分切下来。

5

将形状不完整的部分切下来。

A 牛心切片

具有脆嫩的筋道口感与清爽的风味，在顾客中十分受欢迎。为了发挥其特色，剔除脂肪之后再分切。

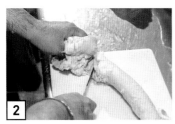

2

从牛心管根部将管状的部分切下。

Point 仔细地划入刀纹

6

为了让烤过的牛心管更易于咀嚼，会在血管的双面都划上刀纹。在正面一侧垂直划上细密的刀纹。

B 牛动脉根切片

虽然是覆有脂肪的部位，但是店家会将脂肪去除。

3

管状难以分切，所以需要将血管切开。反手握刀从血管的一侧划入，笔直地切开血管。

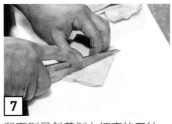

7

背面则是斜着划入细密的刀纹。在正反两面划上不同方向的刀纹，就可以避免在烤时散掉。

C 牛心管切片

这是一个口感值得细细品味的部位。在双面都划入刀纹，不但可以使其易于咀嚼，也可以起到帮助入味的作用。

4

血管上面没有脂肪，风味比较清淡，没有什么特殊味道。这是一个能够充分享受有嚼劲的口感的部位。

8 ▶C

切成略大于一口的大小。吃起来十分过瘾的尺寸是店内进行肉品分切的一大特色。

[分切]

牛肺

1 牛肺没有什么特殊气味，口感又极具个性。

2 先将牛肺切成大块，便于分切。中间会有血管分布，需要将血管剔除后再分切。

3 牛肺边缘部分的口感不同，所以要将其剔除。覆于表面的膜不会影响口感，可以不处理直接分切。

4 Ⓐ 将其切成略大于一口的大小。如果有血管分布于其中，可以剔除掉，或者划入刀纹。切面不大的部分可以用作炖煮料理。

牛肺管

Point 将血管从牛肺中取出

1 从牛肺上切下含有粗大血管的部分。

2 从切下的牛肺上取下血管。

3 将血管一个个切下来，并将周边的肉剔除。

Point 切成圈状

4 Ⓑ 将血管切成窄窄的圈状。分布于牛肺之间的血管具有软骨一般的爽脆口感。用盐和香油调味后，可以作为一道下酒菜。

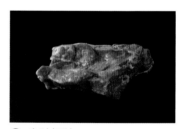

Ⓐ **牛肺切片**
外观看上去十分柔软，吃起来却相当有嚼劲。

Ⓑ **牛肺管切块**
将分布在牛肺里的血管薄切后，作为一道菜品售卖。由于这是一个鲜为人知的部位，所以也可以强调它的稀有性。

草肚

这是牛的第一个胃。胃袋在带有皮的状态下进货。当天现宰杀的新鲜牛内脏会直接送到店内清理。由于内脏一旦接触空气，就会逐渐变得不新鲜，所以要尽量缩短与空气接触的时间，不让温度上升，快速分割处理。这是个相当受欢迎的部位。

日本产

供应菜单

带脂草肚	▶166页
草肚	▶166页

清理

1

从草肚一侧开始剥皮。用手指将草肚与皮之间的膜剥开，从此处开始将皮剥下。

`Point` **用手指戳入膜中**

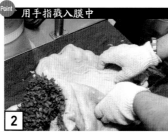

2

因为有粘膜，容易手滑，所以带着棉线手套处理。用手指牢牢地戳入草肚与皮之间，将皮剥除。

3

将一侧的皮剥除。剥去黑色皮后，会露出粉红色的内层肉。

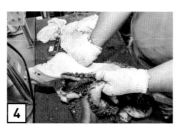

4

剥除另一侧的皮。

`Point` **作为牛胃袋与上等牛胃袋售卖**

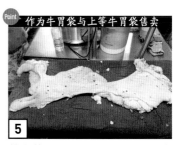

5

整个草肚形似大洋洲。右侧是含有脂肪的草肚，左侧是可以切出上等草肚的部分。

6

将黑色的皮剥掉后，放入装满水的水池内，仔细清洗干净。

7

擦去表面水分，分切。

[上等草肚]

分切草肚

分切上等草肚

Point 分切出草肚

1

在有脂肪的部分与没有脂肪的部分之间下刀。将有脂肪分布的草肚作为带脂草肚售卖。上等草肚则作为草肚售卖。

2

一边将附有污垢的边缘部分和有着大片脂肪的部分切除，一边分切成段。

Point 一边清理，一边修整形状

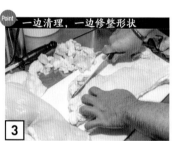

3

将草肚周边的杂质切除。正面与背面有污垢的部分也要切除，只保留纯白的部分。

4 Ⓐ

将分切成段的草肚分装进塑料袋中，放入冷藏室中保存，于开门营业前再分切成一人份5块100克。

1

照片为单独进货的、位于草肚中心位置的宽厚的上等草肚。先将表面厚厚的皮剥除。

Point 用手指剥开边缘

2

用手指戳入草肚与皮之间，将皮撕开一小角，从此处开始将皮剥开。

3

左右两只手分别抓着草肚与皮的边缘，将皮撕开，可以轻松地将皮剥离。

Point 分裂的部分需要小心处理

4

中间会有个分裂开的部分，把皮撕开到此处时，用手指沿着草肚的形状将皮剥除。

Point 以不将其切断的深度，划上刀纹

1

上等草肚极具弹性，口感如同贝类一样。因为不易咬断，所以要仔细划入刀纹，以约5毫米的间隔划上刀纹。

2 Ⓑ

切成略大的一口大小。以5块100克为基准分切。

Ⓐ 草肚切块

将其切得大一点，这样可以享用其脆脆的口感，以及脂肪的浓郁鲜味。脂肪的含量也可以根据个人喜好进行调整。

Ⓑ 上等草肚切块

该部位的特色在于越嚼越能品味到其清鲜的细致风味。通过划入刀纹，可以在外观上做出一定改变。

金钱肚

这是牛的第二个胃。由于店家重视食材的新鲜程度，所以在没有清除黑色外皮的状态下进货，在店内进行处理。关键是要避免突然的温度变化，用未煮沸的热水，将金钱肚加热后，再将皮剥除。剥除这层皮后，会呈现纯白色的金钱肚。经过数小时的水煮后再使用。

日本产

供应菜单

金钱肚 ▶167页

清理

Point 用热水稍微煮过之后，会易于剥皮

1 用水洗过金钱肚后，将其放入不煮沸的热水中浸泡。热水的温度不要太高，不然会不易将皮剥掉。

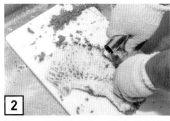

2 浸泡一段时间后，将金钱肚取出，用金属刮板将表面的薄皮刮掉。如果无法刮除干净，就将其再次浸泡于热水中。

3 去掉黑色的薄皮后，会呈现出白色。用水将其清洗干净，配合锅具的大小，大致分切。

Point 烫煮一段时间，使金钱肚变软

4 将金钱肚放入锅中，用足量的水烫煮。花费几小时将金钱肚煮至变软。

分切

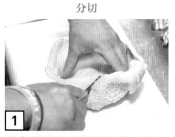

1 待金钱肚变得相当柔软之后，从热水中捞起，擦干水分，切成大块。

2 再切成小段。切除边缘较硬的部分。

Point 分切成长方形

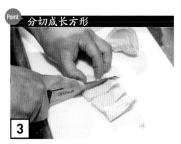

3 为了让顾客充分品尝到富有弹性的独特口感，将其切成大块的长方形。

金钱肚切块

这个部位本身没有什么特殊气味，风味比较清淡。良好的新鲜程度与细致的事先处理，令切片看起来相当漂亮。

159

毛肚

这个部位是牛的第三个胃，又叫百叶、千层肚，特点是褶皱多且重叠在一起。一片片皱褶上有细细的突起。外表看上去虽然有些另类，但是没有什么特殊味道，又带有爽脆的口感，做成凉拌牛百叶也十分美味。作为烤肉食材，利用其本身的皱褶进行分切。这个部位富含铁锌元素，有益健康。

日本产

供应菜单

毛肚　　　　　　　　　　▶167页

清理	分切

1

将毛肚浸泡在水中，以免温度上升。沥干水分后，放到案板上，将褶皱的边缘切除。

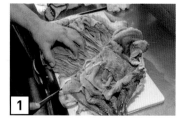

1

用水清洗干净后，为了方便处理，先将其对半切开。将有污垢残留的部分切除。

Point 剥除带有污垢的脂肪

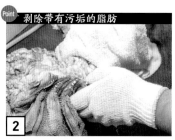

2

从切除的部分将内侧带有污垢的肥厚脂肪撕下来。将手指插入毛肚的膜与脂肪之间，将其剥下。

Point 将褶皱理顺后分切

2

以背面的宽度为准，将其分切成3~4厘米宽的块。关键是将褶皱理顺后，在褶皱与褶皱之间下刀。

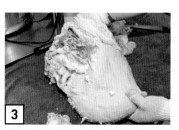

3

这是褶皱的背面。将肥厚脂肪剥除后，露出里面雪白的内层。

3

继续分切毛肚。将参差不齐的褶皱切齐。将白色部分朝外，褶皱部分朝向自己，切成一口的大小。

4

这是完全剥除脂肪后的状态。一般情况下，大部分店家采购的都是处理到这个状态的毛肚。因为这家店十分重视新鲜程度，所以会在店内进行清理。

毛肚切块

采用将好几片褶皱重叠在一起的独特切法。白色内层与微黑的褶皱形成对比，十分具有趣味性。

牛盲肠

牛盲肠是烤肉店不常使用的部位，有时也会拿来作为大肠售卖。牛盲肠有着比大肠还紧实的口感。处理的关键是将其带有的黏液与异味仔细清除干净。店家会用盐仔细揉搓，去除掉黏液。

日本产

供应菜单

牛盲肠　　　　　　　▶166页

清理

牛盲肠的皮虽然薄，但却含有脂肪。如果盲肠壁里有薄皮残留的话，烧烤后口感不佳，所以一开始先将薄皮去除。

1

5

用力地揉搓，将盲肠的黏液与异味搓出来。揉搓的同时，将残留的薄皮也搓下来。

2

用手指在盲肠边缘摸索，撕开透明的薄皮。

6

待黏液差不多都搓掉以后，用流水将盐也一起冲洗干净，洗到水变透明为止。

Point　用手将薄皮剥除

3

用手拉着将薄皮撕下来。用盐揉搓的时候，也能将薄皮搓下来，所以有残留也没关系。

Point　浸泡在水中去盐

7

由于盐会渗入盲肠内，为了避免盐在盲肠内残留，需要浸泡在水中去除盐分。在足量的水中浸泡至少1小时。

Point　使用大量盐

4

在牛盲肠上面撒上大量盐。用盐将黏液与异味搓掉。重点在于要使用大量的盐。

分切

1

去除盐分后，分切牛盲肠。先将其切成容易处理的大小。切除边缘部分，调整形状。

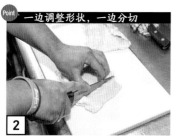

Point 一边调整形状，一边分切

2

决定好分切的宽度后，以相同的宽度将其切成长条状。切的时候要保持外形的整齐，切片大小就能保持一致，切出来的成品才漂亮。

3

以店内常规的分切尺寸，进一步将牛盲肠切成略大的一口大小。超出肠皮的部分则切除。

牛盲肠切片

漂亮的淡粉色切片。在快速又精准的处理方法下，从外观上就可以看出食材的新鲜度。

酱汁

这家店铺拥有从儿童到老人年龄跨度很大的顾客群体，十分有人气。店家追求的是"曾经在下町（繁华的日本东京也有安静朴实的老街，被称为下町）吃过的内脏肉味道"。从未在餐饮店学习过的新田谷先生反复经历各种试错，才调制出了现在受欢迎的酱汁风味。风味浓郁的味噌酱汁，再搭配上清爽的酱油酱汁，不仅十分下酒，也很下饭，受到了各个年龄层顾客的喜爱。

腌肉酱

在以味噌为基底的酱汁里面，加入了有大蒜辣味与蒜味的浓郁腌肉酱。在接到顾客点餐后，将足量的腌肉酱浇淋在分切好的肉上，充分抓拌，腌制入味。这种腌肉酱甚至可以直接搭配米饭享用的。这也是吸引顾客的一大因素。

蘸酱

与味道浓郁的腌肉酱相比，这是一款可以让内脏肉尝起来十分清爽的蘸酱。在酱油、味淋、砂糖、大蒜、生姜里加入了水果，调制出酸酸甜甜的味道。在酱汁上面加上大量的葱花与白芝麻后，供应给顾客。用烤好的内脏肉将吸附了酱汁的葱花包裹起来食用，就能享受到另一种不同的风味。

外横膈膜肉

切成厚片的外横膈膜肉5片200~250克。以破格的优惠价格售卖，是一道必定会售罄的超人气菜品。店家除了内脏肉之外，只供应牛腹肉。为了将这道料理和其他料理区分开来，采用这样的分量，让顾客可以享受到大口吃肉的乐趣，可以充分品味到肉汁在口中扩散的美味。裹上蘸肉酱，再点缀上葱花与白芝麻。

盐烤牛舌

为了让顾客直接品尝到优质牛舌的鲜美与香气，店家选用盐与黑胡椒调味。将牛舌根部到牛舌中间的部分薄切。为了让切面显得漂亮，会先让牛舌降温到近乎冷冻的硬度之后再分切。能切出瘦肉的舌尖部位则作为边角肉使用。

牛下巴肉（盐味）

　　这个部位经常活动，所以质地较硬，但越嚼越香。既有瘦肉的风味，又有油脂的鲜味，肉味十足。用盐和黑胡椒调味，也适合下酒。肉质硬，冻至定型后再切片。

牛心

　　具有脆脆的筋道口感与清爽风味，易于食用，最近更是人气高涨。店家会确保当天现宰的牛内脏肉的新鲜程度，维持温度管理的同时，进行清理，直到供应给顾客为止，都会保持其新鲜程度。牛心与牛肺是在相连的状态下进货的。保留些许脂肪再分切。

牛肺

　　这是在烤肉店内相当罕见的部位，牛肺与牛心连在一起进货，因此这个部位也成为店内的常见菜品。具有果冻或棉花糖一样的独特口感。风味清淡，而且没有什么特殊气味，用味道浓郁的腌肉酱调味，让顾客充分享受这种不可思议的口感。

牛动脉根

　　牛心与牛心管的根部部分。口感爽脆，而且含有脂肪，具有清淡与清鲜的风味。在血管壁上细密地划上刀纹，这样会便于咀嚼，顾客可以轻松品味。菜品经过充分的抓拌腌制，所以还可以享用到酱香味。

牛肺管

　　将分布于牛肺中心的粗大血管取出来作为一道菜品。将其切成圆圈状上桌。这个部位经过充分烧烤后，就会产生爽脆的口感，是一道很受欢迎的下酒菜。这道菜品不会列入正式菜单，而是作为推荐菜品供应。

牛心管

　　带有脂肪且口感弹润的牛小肠与牛大肠是大家耳熟能详的内脏部位，许多顾客在享用脂肪较多的牛内脏时，会再点上一盘牛心管。牛心管是牛的大动脉，进货时附在牛心与牛肺上。在正面垂直划上刀纹，再在背面划上斜着的刀纹，这样更加易于食用。

牛盲肠

店内准备了罕见的盲肠部位，也备有内脏烤肉店才有的专业吃法。不只可以单点，还会以综合拼盘的形式售卖。事先处理的秘诀是用盐仔细搓洗，去掉异味。将腌肉酱充分揉腌进脂肪里，可以让顾客享用酱汁混合着脂肪的浓郁风味。

带脂草肚

将具有鲜美脂肪的草肚，以略大于一口的大小分切，烤好后，就可以品尝到鲜美的脂肪在口中扩散开来。与啤酒、汽泡酒等酒品十分搭配，作为一道下酒的内脏菜品而备受欢迎。

草肚

这个部位具有微甜滋味与筋道口感，具有相当的人气。使用肉质较为厚实的上等草肚，划入细细的刀纹，使其更易于咀嚼。这些刀纹还可以让腌肉酱更加入味，烧烤后，会飘散出腌肉酱的香味与草肚本身的香味，可以让顾客品尝到无法言喻的美妙滋味。

金钱肚

这个部位外形像蜂巢一样，有着柔软的口感。没有什么特殊的味道，搭配上浓醇的烤肉酱，可以使顾客享用到极富个性化的口感。在覆有黑色薄皮的状态下进货，会在店内剥皮处理成白色的金钱肚，这样可以大大减少与空气接触的时间。

毛肚

这个部位原本就有很多叠在一起的褶皱，在分切时花费一番工夫，将其切成圆滚滚的块状，让顾客可以轻松接受。褶皱的爽脆口感也是毛肚的特色之一。拌上蘸肉酱后，再淋上香油，可以减少干涩感。

东京·市谷

炭火烧肉中原

在充满魅力的"刀工技术"与"烧烤技术"下
完成十分考究的烤肉套餐，深受喜爱

　　店主中原健太郎先生在2002年，从一个门外汉成为烤肉店的经营者。那时，烤肉行业受到疯牛病的影响，导致行业整体营业额下滑。为了能够经营一家自己的店铺，中原健太郎先生先从了解牛肉开始，每天去芝浦市场，渐渐和肉品批发商建立起值得信赖的合作关系，也培养出挑选肉品的眼光。然后，他更进一步地学习与肉品有关的知识与技术，反复进行拆解、分切的操作，磨炼出了专业厨师所需的技艺。

　　之后选择在稍微远离东京市中心的三轮地区，开设了炭火烤肉店，并且将其经营成一间店内员工不仅热爱烤肉，更希望将来能独立创业的烤肉名店。即使后来将店铺搬到了东京的市谷，也不改往日用心，不断追求能激发出和牛这种食材绝佳潜力的刀工技术、调制适合肉质的蘸酱味道、完善肉品的保存方式等，不断精益求精。

　　目前，菜单只专注于提供一种套餐组合，人均消费2.5万日元（约1255元人民币）。在略比店内客席高的开放式厨房内，也就是在顾客的眼前，展现处理肉品的技术。同时也会配合顾客的食用速度，在最佳的时间内将肉切好并烧烤。店家经营的这一切都是为了提高烤肉的价值。

店铺地址：东京都千代田区

店主·中原健太郎先生
大学毕业后，从事过各种职业，机缘巧合下进入了烤肉界。在东京三轮的下町地区开了一家会有顾客从远处特意前来用餐的烤肉店。于2014年转到市谷开店，将店铺以自己的名字命名，在吧台前面对着肉品，为了不断提高烤肉技术而努力。

牛舌

使用了最高级的和牛牛舌。店内所提供的烤肉套餐中，最先提供给顾客品尝的便是牛舌。将一个完整的牛舌分为舌根、舌尖、舌心，每个部位的风味各不相同，将其各切下一片，摆入盘中。通常会提前30分钟切片装盘，因为让水分稍微蒸发一些，可以浓缩住美味。

日本产

供应菜单

梦幻牛舌 ▶180页

清理

Point 找到舌心与牛舌整体的分界线

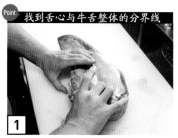

1 为了尽量减少与空气接触的时间，一鼓作气进行分切。首先，先切下舌心部位。将手指用力按压牛舌，找到舌心与牛舌整体的分界线。

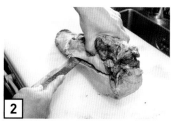

2 用刀沿着分界线切割，将舌心切下来。一手抓着舌心部位，一手拿着刀一直切向舌尖部位。

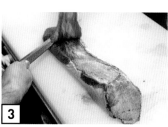

3 切到舌尖部位时，用刀将上方的皮割掉。由于皮周围的口感略有差异，所以可以割得厚一些。连同舌尖上方的皮也割掉后，即可将舌心从牛舌上完整切下。

4 切出舌心后，将牛舌两侧的皮也一并剥下。

分切舌根

Point 下刀时倾斜刀身，调整切面大小

1 将边缘部分切掉，以此调整切面的大小，然后倾斜刀身，将其切成稍有厚度的肉片。

2 为了将牛舌肉片分切成相同的大小，需要将其四边切除整齐。

Point 在靠近舌根侧浅划刀纹，在靠近舌尖侧深划刀纹

3 划上刀纹。越是靠近舌尖的地方，在烧烤时越容易膨胀，所以刀纹要划得深一些。

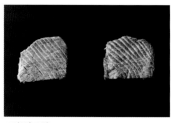

舌根切片

照片中左侧为舌根，刀纹划得较浅。越是靠近舌尖（照片右侧），刀纹则划得越深。

| 分切舌心 | 分切舌尖 | **厚切牛舌的烧烤方法** |

分切舌心

1

将舌心周边松垮的皮切除。靠近舌尖侧的切面较小的部分也要切除。

Point **切除淋巴结**

2

将侧面的淋巴结切掉，不要过度切到舌心肉。需要注意的是，如果将其过度清洗，可能会让舌心破碎。

3

从舌根侧开始分切。先切下两片，会出现中心含有脂肪的部分，这个部分十分美味，分切成片。

Point **从含有脂肪的美味部分开始分切**

4 → Ⓐ

切成较薄的肉片。使用的是舌心中间嚼起来相当美味的部分。

分切舌尖

1

将舌中到舌尖的部分薄切。这个部位下侧的口感像筋一样，所以需要切除。

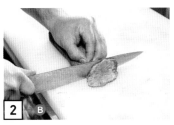

2 Ⓑ

因为舌尖较扁，切面太小，所以切夹刀片再摊开。

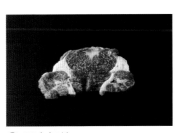

Ⓐ **舌心切片**

咀嚼起来有浓郁香味的部分。将周边较硬的部分切除。

Ⓑ **舌尖切片**

照片中是摊开的夹刀片。将脂肪分布不佳的尖端部分切除不用。

厚切牛舌的烧烤方法

中原烤肉店的烧烤方法最令人吃惊的是，木炭与烤网之间的距离非常近。几乎就像直接放在木炭上烤一样。用大火来烤肉，可以将肉烤得美味可口，要频繁翻面烧烤。

1

烤牛舌最先烤的是舌根部位。店内的炭火离烤网非常近，不是用低温慢烤的方式，而是用大火将表面烤至定型。

2

牛舌烧烤后，会膨胀起来。出现这个状态，就将牛舌翻面。重点是将表面烤至微焦上色。

肉品都是由店员烧烤的。频繁地将肉品翻面，可以使其均匀受热。炭火与烤网离得很近，是考虑到"火力太弱的话，就会变成煮肉。所以用较强的火力烤肉才会好吃"。

外横膈膜肉

确保使用高品质的和牛外横膈膜肉。考虑到"可以品尝到厚实的肉质"，所以将肉质软嫩的外横膈膜肉分切成略有厚度的肉片，使顾客享用到一大口咬下的感觉。一大口咬下后，可以感受到随之溢出来的肉汁与十足肉感，令其成为店内展现高超烧烤技术的料理之一。配合肉本身的厚度，根据肉品的位置来改变分切方法，不论是外横膈膜肉的哪个部分都能维持同一水准。

日本产

供应菜单

外横膈膜肉　　　　　　▶181页

清理

1 将表面的白色筋膜剥除。用手压着肉的同时，将手指插入筋膜与肉之间。

2 撕开一角后，抓住筋膜向上拉，将其撕开。

> **Point** 用刀辅助，避免把肉撕破

3 当筋膜难以撕开时，可以用刀将其划开。仔细地将筋膜剥除，注意不要破坏肉的完整性。

4 这是剥除筋膜之后的状态。因为接下来要一边分切，一边将多余的筋与脂肪切掉，所以暂时不处理。

分切

1 察看外横膈膜肉可以看出肉质纤维的分界处。以这个分界处为基准分切。

> **Point** 沿着肉的分界处分切

2 每块外横膈膜肉的分界各不相同，需要仔细辨认。许多部分会含有较大的筋。

3 把握住肉的分界处，考虑店内通常的分切尺寸、肉本身的厚度，将其分切成块。这里将一整块外横膈膜肉分切成了四大块。

4

将切成块的外横膈膜肉再次分切，每一大块外横膈膜肉可以切成二等份。由于外横膈膜肉的两边接触空气时间较长，所以先将两边切除。

7

如果分切出的外横膈膜肉外形不佳，可以切夹刀片再摊开。

厚切外横膈膜
肉的烧烤方法

烤厚切外横膈膜肉的目标在于，要将肉烤到一咬就能轻松咬断的程度。使用垂直切断纤维的肉，再用大火炙烤将肉汁锁在肉中，一旦做到这两点，就能够享用到外横膈膜肉的美妙味道。

5

让刀垂直于肉的纹理，将肉切成二等份。在分切肉品时，不需要特意测量重量。这是因为如果有意测量重量的话，反而会影响到肉的外观和风味。

8

如果外横膈膜肉脂肪较少，瘦肉较多的话，就留下周边的脂肪，来弥补肉片脂肪的不足。

1

将外横膈膜肉在烤网上烤约1分钟，肉上面便会出现烤痕，然后将肉翻面。

6

由于外横膈膜肉本身具有细密的脂肪，所以需要将周边多余的脂肪去除。切口底部的筋也要切除。

外横膈膜肉切块

照片中右侧的肉块是"中原"烤肉店的分切标准。考虑到让每桌顾客都能平等地享用相同的肉，即使切掉多出的肉，也要让分切下来的肉大小与外观尽量一致。

2

察看炭火的状况，将肉摆在火力最大的地方烤。如果肉没有发出滋滋作响的声音，就代表火力弱。以每30秒为基准将肉翻面。

3

渐渐缩短翻面的间隔时间，待肉的表面烤到焦香状态之后，即可从烤网上取下。让顾客趁热享用。

后腰脊肉

全年使用日本田村牛的母牛后腰脊肉。田村牛拥有漂亮的脂肪分布方式，是值得信赖的牛肉。尤其是后腰脊肉，更是有着高人气，被誉为"能让人尝一口便能了解到和牛有多美味"的部位。因为想要保有大一点的切面，所以便买重约500千克的一整头牛。后腰脊肉的部位会先分切成三等份，再将其分切成片。一份可分切成35~40片肉。

黑毛和牛A5

供应菜单

后腰脊肉　　　　　　　　▶181页

1

将后腰脊肉边缘的脂肪撕掉。撕开脂肪，沿着肉将其撕开。

2

翻转肉块，将上面的脂肪撕开。如果有附着筋膜的部分，就用刀划开。脂肪中的肉则作为肉馅使用。

3

用手撕开脂肪下方的筋膜，与肉分离。

Point 将筋剔除干净，会使口感变得柔嫩

4

用手难以撕开时，可以用刀划开，连同较硬的筋也一并剔除。切除下来的肉会用来制作套餐中的牛肉盖饭。

5

剔除表面的筋与脂肪。哪怕连带着切下一些肉，也要确保没有筋残留。

6

由于内侧部分也有筋，所以也要切除。

7

切片厚度根据肉质而进行细微的改变。用手摸起来的触感会存在差异，但相差在1毫米左右。

后腰脊肉切片

为了展现断面的美丽，以及入口即化的口感，会将肉切成大而薄的肉片。手工分切，将肉切成烧烤后会非常美味的厚度。

肋眼心

购买一整头和牛，在送到店内之前，会先做一定程度的分切。牛肋脊肉在进货时，也已经进行过肋脊皮盖肉、肋眼肉卷带侧肉的分切处理。

黑毛和牛A5

供应菜单

肋眼心 ▶182页

1

将附着在肋眼心旁边的厚重脂肪切除。

2

将表面的筋与脂肪剔除。由于是脂肪分布较多的部位，为了避免徒手分切时，会不小心令肉中的脂肪融化掉，所以需要隔着一块毛巾处理。

Point 将肉切成稍有厚度的薄片，保留其口感

3

在加工处理时变色的部分切除。为了让顾客品尝到肋眼心的口感，所以将其薄切成稍有厚度的肉片。

4

一边切除周边残留的筋和脂肪，一边调整肉片的形状。

肋眼心切片

在后腰脊肉片的厚度上，增添了一些变化，将其切成略有口感的厚度。

薄切肉片的烧烤方法

注意不要让肉片粘在烤网上而破掉，抖动着将肉片摆到烤网上面。这样可避免肉片粘在烤网上。如果是薄切肉片的话，待表面油脂肉汁溢出后，将肉翻面。不必像烤厚切肉片那样多次反复翻面，只需烧烤表面即可。

在烤网上方，抖动着将肉摆到烤网上。在表面浮现油脂肉汁后，就将肉翻面，稍微烤一下即可盛盘。

上后腰脊肉

这个部位是从后腰脊肉延伸到臀骨附近的。具有瘦肉软嫩适中的口感，肉味也很浓郁。脂肪分布适中，是高人气的瘦肉部位。因为肉质与风味都很扎实，所以将其作为盐味烤肉售卖，安排在酱汁风味后腰脊肉片之后上桌，使烤肉套餐在风味上张弛有度。

黑毛和牛A5

供应菜单

上后腰脊肉　　　　　▶181页

1 这是几乎清理完成的状态。残留的筋可以之后再切除，尽量减少肉品与空气接触的时间。照片中是上后腰脊肉靠近头部的一侧。将其边缘切除。

2 Ⓐ 仔细察看纤维的方向，将刀垂直于纹理切下。这个部位的纹理向上延伸，所以微微倾斜着下刀。

上后腰脊肉切片
吃起来略有嚼劲的上后腰脊肉，为保留其本身的口感，将其切成略有厚度的薄切肉片（A）。B是切夹刀片再摊开的肉片。

3 面积较小的部分，要将下侧切除，来营造平整的切面，并将此面朝下再分切。

Point　运用切法来改变切面大小

4 切夹刀片，第一刀切到刀离案板仅有一点距离的位置。

5 Ⓑ 再切一刀，将肉切离。由于第一刀向下切到仅剩底部连在一起，所以摊开后会像是平整的一块肉。

后腿
股肉心

这个部位位于后腿肉内侧，后腿股肉的中心部分，肉质细腻软嫩。为了让顾客品尝到软嫩的口感，将刀垂直于肉的纹理切割。软嫩的肉质适合用酱汁调味。有时也会改用下后腰脊三角肉或下后腰脊球尖肉。

黑毛和牛A5

供应菜单

后腿股肉心　　　　　▶182页

1 在进货时已经完成了清理，先将边缘的肉切除。

> Point **利用肉的断面分切**

2 不将肉切成平整的形状，而是利用肉本身的形状分切。轻微调整下刀的角度，让刀可以垂直地切断纤维。在此处进行分切时，要将刀微微倾斜。

后腿股肉心切片

瘦肉中也分布了少许脂肪，切面富含水分。吃起来没有特殊味道，薄切后使用酱汁调味。

事先调味

薄切肉片使用酱油腌渍，厚切肉片使用盐腌，这样明确而不令味道出现偏差的事先调味，正是中原烤肉店的做法。为了要让酱渍调味的肉片保持外观美丽，调味时不抓拌，而是以让肉片自行吸收酱汁的方式调味。在盐腌调味上只想添加盐的咸味，所以选用Western rock salt。

酱汁腌渍

使用的调味料分别为酱油、砂糖、味淋、酒、醋、盐，以及牛大骨高汤。为了利用酱油的香味，所以最后才会加入酱油。

盐腌

因为希望顾客可以品尝到肉香与炭香，所以使用矿物质含量较少而较咸的Western rock salt（岩盐）。

将肉浸泡在酱汁中。酱汁会根据脂肪分布情况调整，如果是脂肪多的肉，会在砂糖里再加入粗粒砂糖，调制成风味浓郁的酱汁。

让酱汁慢慢渗入肉中，腌至肉片的纤维变柔软，且变得光泽水润。时间较紧张的时候，可以连同酱汁一起稍加摇晃，可以让肉尽快入味。

为了增添风味会添加少许大蒜，分量根据肉的质地而变动。如果是有特殊气味的内脏，则多加一点。

盐腌使用的调味料有大蒜、香油、黑胡椒和盐。浇淋在肉片上，轻轻抓拌，不需要揉搓。每次最多调味三片肉。

草肚

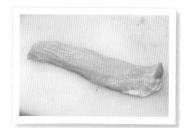

使用蓬松轻盈而分量厚实的上等草肚。进货后先用水清洗，充分擦干水分后，再用纸包裹起来，放入冷藏室中保存。待开门营业后，根据套餐上桌的进度，在快要轮到这道菜上桌前，再从冷藏室中取出来分切。要是太早切好的话，肉的表面就会干掉，失去水润光泽感。在分切之前，先用刀细密地划上刀纹，然后再切成稍大一点的块状。

日本产

供应菜单

草肚　　　　　　　　▶182页

Point 在内侧垂直地划上刀纹

1

在草肚的双面都划上刀纹。垂直于草肚划入刀纹，不要将草肚切断。

Point 在外侧划上斜斜的格纹

2

在草肚的外侧剂上花刀。首先，刀身垂直斜着划下。刀纹的间隔根据草肚的厚度调整。

3

将草肚调转方向，将刀垂直于已经划下的刀纹，再用同样的间隔划下刀纹。

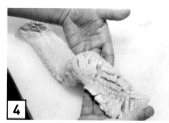

4

刀纹的深度划到仅底部相连的程度。切好后的草肚用手拿起来后，表面会呈现出错落散开的状态。

Point 切成一大块，可以提高享用时的满足感

5

为了让顾客品尝到一口吃下的满足感，所以切成稍大一些的一口大小。

草肚切段

用精湛的切法将草肚切成既易于食用，又具有漂亮外形的段。将其切成可以一口品尝到爽脆口感的稍大块状。

牛大肠

店家希望顾客尝到内脏肉脂肪的鲜美味。为此，进货时的牛大肠都是新鲜且已处理干净的状态，当天售完。进货以后先用水仔细清洗，沥干水分即可用纸包卷起来。牛大肠比草肚更缺乏水分，所以水分可以不用去除得太过彻底。在牛大肠上面划上刀纹。

1

在肠皮部分划入刀纹。将刀身垂直于大肠，细密地划入刀纹。

牛大肠切块

牛大肠的粉色肠皮带有水润的光泽，上面附着有白色的脂肪。为了让顾客可以品尝到脂肪的鲜味，故将其切成稍大的块状。

2

在一块大肠上划入足够刀纹后，直接将其分切下来。为了保持牛大肠的新鲜度，只将需要的量切下即可。

内脏肉的烧烤方法

在套餐的烤肉料理中，内脏肉是收尾的料理。凭借烧烤的方式来突显内脏不同于肉的独特风味。草肚需要反复翻面，将其烤得酥香。牛大肠则需要静置慢烤，以免油脂流失。内脏肉需要花费些时间才能烤熟。

草肚 注意不要让草肚粘在烤网上，需要抖动着将肉片摆放到烤网上再烧烤。放在会让肉滋滋作响的位置，频繁翻面，将草肚表面烤得爽脆为止。

烤好后，趁热加上柚子胡椒酱吃。

牛大肠 先从肠皮一侧烧烤。抖动着将其摆到烤网上，烤至表面微焦之后，翻面到脂肪一侧。需要注意不要让油脂流失，慢慢地将此面烤至微焦。

烤好后，放到小案板上，由店员将其分切成容易食用的大小。

特制套餐

中原烤肉店的菜单基本上只分为1.7万日元（约853元人民币）、1.9万日元（约953元人民币）、2.5万日元（约1255元人民币）的三种套餐。顾客来店的时间固定分成两批，每批顾客会在相同时间开始用餐。为了让顾客能品尝到最佳状态的美味烤肉，店家规划出了套餐的供应流程，会在最佳的时间点提供给顾客享用。肉品都是由店员在顾客面前烧烤的。为了服务未事先预约直接来店的顾客，也准备了9000日元（约452元人民币）的套餐，由顾客自行烧烤，不收取服务费。

3 梦幻牛舌

深知最高级和牛美味之处的店主中原先生，将其对烤肉的坚持都凝聚在这道牛舌拼盘之中。舌根、舌尖、舌心这三个部位风味各异，将其切成牛舌切片，盛放在一个盘子里，供顾客品尝比较。每个部位都仅分切出最美味的部分，并配合肉质最适合的厚度。

1 蔬菜泥奶油冷汤

第一道料理是冷汤，在整份套餐里面扮演着开胃的角色。使用牛腱肉、牛大骨、牛跟腱，花费时间仔细地熬煮成清炖高汤后，再做成高汤冻，盛放在冷汤上面。最后还会撒上店家自制的和牛风味浓郁的粗盐腌牛肉来提味。

2 生拌牛肉

店家取得了生牛肉的供应许可。将牛内后腿肉制成生拌牛肉，可以让顾客品尝到瘦肉的清爽香味。以这道烤肉店的经典料理，作为烤肉套餐的前菜供应，可以大幅提升顾客对烤肉的期待。

4 沙拉

充满水分的新鲜沙拉，分量十足。用于沙拉的蔬菜会根据季节而有所变动，大约会使用15种。为了配合烤肉的整体风味，沙拉酱里会加入香油和大蒜。

5 后腰脊肉

在享用完清爽的沙拉后，接着上桌的是后腰脊肉。将肉切成一大片，摆在卷起来的小竹帘上面，让顾客能看到脂肪分布于肉中的美丽。迅速将肉烤好，品尝那种入口即化的极致美味。

6 上后腰脊肉、外横膈膜肉

享用过入口即化的后腰脊肉的软嫩后，接着要品尝的是有着扎实口感的两种部位的盐味烤肉。将外横膈膜肉厚切，烤至爽脆。上后腰脊肉则切成可以品尝到肉在口中化开的薄度。用盐调味，可以激发出十足的肉味。

7 牛尾汤

为了让顾客在接连品尝了几盘肉之后，能稍事歇息，特地安排了小分量汤品。用牛尾熬煮成的牛尾汤，是一道将肉熬化到汤里，最大限度地带出牛尾鲜美的汤品。喝下一碗汤，能缓解肉的油腻感。

8 肋眼心、后腿股肉心

　　将这两个柔嫩部位的肉浸泡在酱汁中。吸收了酱汁的肉片水润光泽、质感饱满。不是抓拌酱汁，也不是浇上酱汁，而是将肉片浸泡在足量的酱汁里面，让酱汁渗入到肉片中。不可太早浸泡，否则会令肉片的颜色变差，在上桌前腌渍一会儿。每天使用的部位会有所变动，有时也会改用下肩胛翼板肉或下后腰脊三角肉。

9 韩式凉拌菜

　　用来让味觉放松的小菜。一份里有凉拌豆芽菜、凉拌小松菜（日本的类似小油菜的一种青菜）、醋渍萝卜丝，共三个种类。通过在套餐中穿插提供与牛肉风味迥异的小菜，可以让蔬菜的爽脆口感与清爽风味为下一道料理做铺垫。也能让顾客在享用凉拌菜的同时，确保分切草肚与牛大肠的时间。

10 草肚、牛大肠

　　用韩式凉拌菜衔接前一道与后一道料理。接下来会端上最后一道烤肉料理——内脏肉。最后才让顾客品尝这道与套餐中其他肉品口感与风味都不同的内脏肉。草肚与牛大肠都先用盐调味，然后再做风味上的变化。草肚搭配上柚子胡椒酱，牛大肠则搭配萝卜泥柚子醋酱汁。顾客对于这样风味清爽的内脏肉也给予了不错的评价。

11 炸菲力牛排三明治

这是2.5万日元（约1255元人民币）套餐才特有的一道料理。用油炸的方式将肉质纤细的菲力牛排的美味锁在肉中，再拿来做成三明治。为了不让厚切菲力牛排过熟，需要管理炸锅的温度与油炸状况。将炸得酥脆的外皮裹上带有番茄糊酸甜风味的酱汁，再夹在吐司里面。大口咬进嘴里，菲力牛排的香气与美妙滋味就会在口中扩散开来，它是店内的招牌菜。

12 牛肉盖饭、韩式泡菜

将因为切面过大而切下来的部分后腰脊肉，拿来制作牛肉盖饭。牛肉不可煮得时间过长，而是在调味酱汁里面快速烫煮1分钟，使煮好的牛肉肉质软嫩，让顾客可以品尝到不同于烤肉的美味。和韩式泡菜一起上桌。在中原烤肉店内，为了那些想要与白饭一起享用烤肉的顾客，即便是套餐吃到一半，也可以点购白饭。在烤肉店"可以饱餐一顿"的想法也被店家所重视。

13 冷面

在烤肉店，有不少顾客吃到最后，还想再来碗冷面，因此店家便将冷面也规划进了套餐里面。使用易于入口的面条，再加上带有酸味且清爽的汤汁，相当促进食欲。这样的套餐组合饱含了店主中原先生想要守护烤肉传统的心意。也以"若要开烤肉店，希望能够供应冷面、辣牛肉汤、韩式泡菜、韩式凉拌菜"为宗旨，指导那些将来想要自立门户的店员。

14 甜品

最后再以甜品冰淇淋为套餐收尾。用完餐后，会由全体店员一齐目送顾客离开店内。由始至终都不马虎的服务精神，更是提高了顾客对中原烤肉店的评价。

左右烤肉美味程度的 烤网

一般来说，烤炉所使用的大多是格纹烤网或直纹镂空烤网。虽然二者的烧烤特色各不相同，但是近年来也出现了兼具二者优点为一体的格纹镂空烤网。在这里介绍一下该款烤网的特色，以及实际使用这种烤网的店家的感受。

完全兼具格纹烤网与直纹镂空烤网优点的划时代烤网

4 大特征

1 可以将食物快速烤好并锁住美味

2 对提升翻桌率有贡献

3 可以用烤网清洗机清洗

4 可以半永久性使用

烤网尺寸：直径28厘米

格纹镂空烤网可以利用来自热源的辐射热和烤网本身的热度，迅速将食物烤熟并锁住美味。格子状的漂亮烤痕也是其魅力之一。

Q 用格纹镂空烤网有什么感受？

A 食物很快就能烤好，而且温度相当稳定。烤痕所带来的视觉享受在顾客间也广受好评。

热传导率高，很快就能将食物烤熟是其最大的特色。能在视觉上促进食欲的格纹烤痕，也令顾客感到开心。由于蓄热性也很高，所以表面温度不易下降，就算是一直来回翻面也能很快烤熟。以前使用的是普通格纹烤网，用烤网清洗机清洗的时候，网格叠交处有时会有污垢残留。但新型的格纹镂空烤网使用清洗机可以完全清洗干净，不会有污垢残留，十分方便。

受访者
三轮邦生先生

【受访店铺】 **韩之台所别邸**

该店以"在属于年轻人的街道——东京涩谷，能让人们吃得尽兴的烤肉店"为经营理念。肉品使用的是一整头牛。在烤肉菜单方面，能同时品尝多种部位的组合拼盘非常受欢迎，还可以根据人数调整盛装肉品的分量。大分量菜品也十分齐全，因此抓住了以家庭为单位前来用餐的顾客。此外，生拌牛肉、牛瘦肉刺身、霜降牛肉饭团等生牛肉刺身、寿司菜品也都是人气商品。为品尝和牛味道而来的外国顾客更是多达三成。

牛瘦肉与霜降牛肉均衡搭配的组合拼盘——山形牛木盒拼盘六品。

店铺地址：东京都涩谷区

正是因为采购了一整头山形牛（产自日本山形县），才可以让顾客享用到各种各样的稀有部位。

烤肉套餐的搭配组合

东京·西麻布

烧肉西麻布

健志郎

在这如同茶馆般的，有别于日常氛围里所提供的是"健志郎"的顶级瘦肉烤肉与创意烤肉料理交织而成的套餐料理。店内备有4种套餐。在此介绍人气最高的套餐——怀套餐。

店铺地址：东京都港区

店长·岩崎健志郎先生

店长于2015年一手打造出坐落在青山与麻布十番的高级人气烤肉店——烧肉 西麻布 健志郎。将严选的顶级肉品以肉类料理的形式提供套餐，受到了顾客的好评。

在最棒的空间与服务下以"跳脱出烤肉的料理"为目标的极致烤肉料理套餐

怀套餐

1 开胃菜 ● 冰镇茶碗蒸

2 沙拉 ● 健志郎生菜沙拉

3 牛肉刺身 ● 山形牛的牛肉刺身三品拼盘

4 烤牛舌 ● 厚切和牛舌与雪室熟成牛舌二品拼盘

5 健志郎烤肉 ● 夏多布里昂牛排

6 盐味烤肉 ● 尾崎牛瘦肉三品拼盘（外横膈膜肉、上后腰脊肉、肩胛板腱肉）

7 小菜 ● 秋葵、莼菜、小番茄配萝卜泥土佐醋（日本常用的醋）

8 创意肉料理 ● 炸内横膈膜肉

9 酱汁烤肉 ● 夏多布里昂牛排与内横膈膜肉二品拼盘

10 寿喜烧 ● 霜降后腰脊肉

11 主食 ● 炙烤和牛寿司

12 甜品 ● 自制布丁与百香果冰淇淋

* 菜单为取材当时的内容。套餐的组合、内容会根据时期不同而有所变动。

沿着石板路步行而至的玄关，有着宛若茶馆般的意境。店主岩崎健志郎先生在这个仿佛是茶席的空间中，以创造"跳脱出烤肉的料理"为目标。希望顾客能在跳脱出日常生活的空间中，享用堪称日本文化的顶级和牛，因此在装修店铺时，也跳脱出传统的烤肉店陈设，将店内打造成如同日本料理店的空间。从前菜开始所供应的料理，处处都融入了日本料理的元素。

套餐售价根据使用的牛肉部位、菜品数量而有所不同。店主岩崎先生不只使用尾崎牛这样广为人知的、受到一定肯定的肉品，也运用自身的好眼光发掘出被埋没的品牌牛肉。比起霜降牛肉，更专注于严格挑选瘦肉部位十分美味的牛肉。进货前会先请人将肉分切成一小批一小批的，尽量避免用手碰触这些牛肉。根据牛肉各部位的肉质，用最适合的方法分切，然后调味。

这样高品质的肉质，吸引了众多食客前来用餐，店家也努力追求更为美味的肉类料理。此外，套餐里面还包含了一道瞬间将肉烟熏的招牌料理——健志郎烧烤。套餐里有着只有这家店铺才能尝到的美味，并且性价比很高，因此非常受欢迎。

1 开胃菜
冰镇茶碗蒸

先以易于食用的茶碗蒸或蔬菜泥高汤开始。上桌时的温度会根据季节而改变，按天气的状况调整，炎热的夏天会预先冰镇好，寒冷的冬天则会热腾腾的端上桌。照片中的是冰镇茶碗蒸，用牛骨高汤制成的茶碗蒸上面，放上了蚕豆，再淋上芡汁，可以享用到顺滑的口感。

2 沙拉
健志郎生菜沙拉

店家希望顾客在享用烤肉前，先品尝一道蔬菜料理，进而更能吃出烤肉的美味。因此，在套餐刚开始的时候端出沙拉。照片中的生菜沙拉是在红叶生菜、黄瓜、番茄中，加入香油、大蒜、盐等调味料凉拌而成的。使用当季时令蔬菜的色彩缤纷的沙拉，也是店内的经典料理。

3 牛肉刺身
山形牛的牛肉刺身三品拼盘

最先上桌的肉类料理是生牛肉刺身。选用了瘦肉部分尤为美味的山形牛的上后腰脊肉，搭配上酱油、盐和拌肉酱汁，供顾客享用。可以品尝到鲜牛肉特有的优质香甜味，十分受欢迎。有时也会在切成条的牛肉中拌入酱汁，制成生拌牛肉，作为单品料理售卖。

套餐的流程

1 为了让顾客在开始享用烤肉前打开胃口，会先用滑嫩易入口的汤品或茶碗蒸，缓和顾客的身体和腹部状态。

2 考虑到女性顾客会有"吃肉前先吃些蔬菜"的想法，将蔬菜安排在了这个环节。使用了新鲜蔬菜的沙拉也会给人一种健康的印象。

3 接下来是牛肉刺身。通过这道优质的生牛肉刺身，可以提高顾客对烤肉的期待感。生肉的滑嫩口感与烤肉不同，也可以借此来增添一些变化。

接189页

4 烤牛舌
厚切和牛舌与雪室熟成牛舌二品拼盘

"健志郎"这家店的牛舌拼盘，是由厚切和牛舌与在新潟的雪室中熟成（将优质和牛肉放在0~5℃、湿度90%以上的天然雪室中熟成，鲜味更浓，味道更美）30天的薄切"雪室熟成牛舌"这两种牛舌组合而成的。经过熟成的牛舌会更加突显鲜美，即使是薄切，也具有压倒性的存在感。厚切的牛舌则是在表面浅浅剞上花刀，再将其烤得表面焦香、内部多汁。烤好后，用盐和黑胡椒调味，再挤上柠檬汁给顾客享用。

5 健志郎烤肉
夏多布里昂牛排

这是以店主岩崎健志郎先生的名字来命名的原创烤肉。经过极低温加热的夏多布里昂牛排，会在端给顾客后，瞬间加入烟熏，一打开玻璃罩，便会有烟熏的香气扑鼻而来。将这个从一头牛身上只能取得极小块的稀有部位，烤得软嫩可口，再以令人惊艳的方式提供给顾客享用。而更令顾客感到震惊的是夏多布里昂牛排肉质的软嫩程度。

6 盐味烤肉
尾崎牛瘦肉三品拼盘（外横膈膜肉、上后腰脊肉、肩胛板腱肉）

在柔嫩的夏多布里昂牛排之后，端上桌的是用盐调味的、在口感上具有鲜明特色的三种牛肉。分别为外横膈膜肉、上后腰脊肉、肩胛板腱肉，吃起来不硬，而且具有恰到好处的筋道口感。将其切成有厚度的肉，让顾客可以感受到细细咀嚼出的美味。将外横膈膜肉切得最厚，上后腰脊肉切得略厚，肩胛板腱肉切得稍薄。通过改变三种肉的厚度，来突显其本身的独特风味。

↪4

第一道供应的烤肉料理是超出顾客想象的牛舌。将厚切与薄切的两种牛舌一起端给顾客享用，令爽脆筋道的口感与浓郁鲜美的味道形成鲜明的对比。

↪5

接着端上桌的是招牌的健志郎烤肉。会使用烟熏枪在餐桌前进行烟熏。掀开玻璃罩后，弥漫着烟熏香气的夏多布里昂牛排引得顾客们一阵欢呼。这是菜单里最能点燃气氛的一道重头料理。

↪6

在软嫩的夏多布里昂牛排之后，用拥有筋道口感的盐味烤肉来改变口味。顾客可以享用到三种不同风味与口感的瘦肉拼盘，细细地品味比较。会附上柚子胡椒酱与芥末来提味。

↪接190页

7 小菜
秋葵、莼菜、小番茄配萝卜泥土佐醋

连续上了三道咸味烤肉料理后，穿插提供这道清爽解腻的醋渍小菜，用来变换口味。用蔬菜搭配土佐醋温和的酸味，可以舒缓味觉后再品尝下一道肉料理。照片中是用秋葵、莼菜与小番茄做的适合夏天的醋渍小菜，搭配加入了土佐醋的萝卜泥一起食用。有时也会提供当季时令水果做的冰淇淋。

8 创意肉料理
炸内横膈膜肉

在品尝下一道酱汁烤肉之前，给顾客品尝炸内横膈膜肉或法式牛舌肉酱、土豆炖黑毛和牛舌等以牛肉为主要食材的料理，下足了功夫不让顾客觉得腻。这种具有高度创造性的肉类料理也是"健志郎"的一大特色，区别于其他的店。照片中的炸内横膈膜肉是低温加热后，再裹上一层薄薄的面衣，用热油炸至酥脆。

9 酱汁烤肉
夏多布里昂牛排与内横膈膜肉二品拼盘

在瘦肉部位中，菲力是店内的招牌肉品。在接近套餐尾声时，端出这道酱汁烤肉，可以品尝到夏多布里昂牛排细致而高雅的美味，以及软嫩的口感，将其与另一种口味较重的内横膈膜肉一起组装成盘。腌肉酱汁会根据肉质风味而有所不同，蘸酱也准备了黑酱油与白酱油两个种类。通过改变浸入其中的水果，将黑酱油调整成清爽的风味，白酱油则调整成微甜的风味。

→7

接连吃了几道肉类料理，所以在此处稍做歇息，准备了这道用来变换口味的醋渍蔬菜。通过品尝不同于肉的口感与酸味来解腻。

→8

再次享用很有"健志郎"风格的、具有高度创造性的肉类料理。使用了普通烤肉店所没有的、充满趣味的炸内横膈膜肉或法式牛舌肉酱、土豆炖黑毛和牛舌等，是一道给人焕然一新感觉的料理，增添了菜品的变化。

10 寿喜烧
霜降后腰脊肉

11 主食
炙烤和牛寿司

套餐里最后一道烤肉料理。将涂抹上酱汁的大片薄切后腰脊肉快速烤好，盛入盘中，再裹上风味浓郁的鸡蛋黄一起享用。在烧烤这种有少许脂肪的肉片时，店家也下了一番功夫。需小心地烧烤，以免肉中的油脂流失。

作为收尾的主食是将炙烤过的薄切牛肉片盛放在寿司饭上的炙烤寿司。不做成握寿司，而是做成盖饭，可以留下意犹未尽的余韵。再搭配和风高汤做成的汤品，可以舒缓身心。将足量的葱丝切好，摆放到牛肉片上，再附上芥末。主食料理会依据套餐的不同而改为杂煮饭或冷面。

12 甜品
自制布丁与百香果冰淇淋

最后供应的甜品是打破一般烤肉店框架的、费尽心思制作的甜点。照片中是店家自制的滑顺布丁，与用时令水果做的冰淇淋。除此之外，也有用鸣门金时红薯（桥头地瓜的子品种，香甜细腻）做的冰淇淋等具有高度创造性的甜品，店内菜单的内容每天都在不断变化。

→9
继续满足顾客"想要吃烤肉"的愿望，将酱汁烤肉端上桌。在品尝下一道风味浓郁的霜降牛肉之前，先搭配蘸酱享用具有细致风味的夏多布里昂牛排，以及口味较重的内横膈膜肉。

→10
套餐后半段的亮点在于霜降后腰脊肉。令人惊讶的大肉片是其魅力之处。具有浓郁风味的鸡蛋黄也是提高满足感的一大要素。

→11
风味浓郁的肉片搭配具有酸味的寿司饭，是一碗令人即使已吃饱也难以停下筷子的盖饭，为套餐做收尾。将炙烤的上后腰脊瘦肉，搭配泡过水的足量葱丝与芥末一起享用。

→12
在甜品方面也丝毫不马虎。凭借充满魅力的自制甜点，来提高顾客的满足感，还能令顾客产生再次光顾的意愿。

东京·本乡

肉亭 Futago

本乡三丁目店

　　"肉亭Futago"所供应的融合了日本料理与烤肉店料理的套餐中，将烤肉的部分作为整个套餐的主要内容。把烤肉端上桌时，会将一人份的肉盛装在木盒里。顾客可以根据个人喜好自行烤肉，享用美味。尽管是套餐，顾客也能从中体验到烤肉本身的乐趣，但又不失新颖的风格。

店铺地址：东京都文京区

经理·**近藤祥子**女士
厨师长·**西尾岳**先生

　　照片中左侧是经理近藤女士，在"大阪烧肉·内脏Futago"店铺积累了经验后，参与了"肉亭Futago"的开店与经营。照片中右侧是将烤肉元素融入日本料理中，制作出具有独创性料理的厨师长西尾先生。

用融入了日本料理元素的套餐来提高顾客对肉的期待，使"肉匣"成为主角

肉匣 + 飨花粹月

1 开胃菜 ● 芝麻豆腐生拌牛肉
2 前菜 ● 黑毛和牛寿司 / 韩式凉拌三样菜 / 蟹肉蛋黄醋 / 炸银杏 / 丸十甘露煮 / 自制炸红薯饼
3 汤品 ● 松茸土瓶蒸
4 牛肉刺身 ● 轻烤和牛后腰脊肉卷海胆

5 特色料理 ● 高汤酱汁烤肉
6 肉匣 ● Ibuki(特上等牛肉 180 克)
7 清口小点 ● 苹果冰淇淋
8 主食 ● 生鸡蛋拌饭或盛冈冷面
9 甜品 ● 梨酱杏仁慕斯

* 套餐内容会根据季节不同而有所变动。

　　在肉品的菜单中，"肉匣"这道料理，分别盛放了1～2片A5等级的黑毛和牛稀少部位的肉片，相当有人气。根据肉的部位与分量，可以再分成180克3000日元（约150元人民币）的上等牛肉Koiki、180克5000日元（约251元人民币）的特上等牛肉Ibuki、230克8000日元（约401元人民币）的特选级牛肉Kokoroiki这三个等级。从开胃菜到前菜、汤品……在这种如怀石料理一般的美味中，可以享用到细腻的时令风味。

　　店家虽然将这些美味以日本料理的形式供应，但绝对没有忘记对于烤肉的坚持。料理中都融入了烤肉店用到的元素，令顾客对烤肉产生期待，在肉端上桌之后，可以充分感受自行烤肉的乐趣。

1 开胃菜
芝麻豆腐生拌牛肉

　　这道开胃菜是在店家自制的芝麻豆腐上，摆放上生拌牛内后腿肉。芝麻豆腐与生拌牛肉是一种充满意外的组合，在生拌牛肉中加入芝麻糊，可以调和风味。套餐中的料理与烤肉相关，又具有独创性。清爽的优质牛瘦肉搭配香醇的芝麻豆腐，与仔细熬煮的高汤鲜味十分协调。

2 前菜
黑毛和牛寿司／韩式凉拌三样菜／蟹肉蛋黄醋／炸银杏／丸十甘露煮／自制炸红薯饼

　　将味道丰富的下酒小菜，像怀石料理的前菜"八寸"（八寸是一道下酒菜）一样，组合在一盘中。使用充满季节感的食材制作，装盘还点缀得色彩缤纷。除了备受欢迎的和牛寿司之外，还有烤肉料理中不可或缺的韩式凉拌菜，展现出最具烤肉店风格的一面。

套餐的流程

1 芝麻豆腐的温和香醇风味，加上用清爽牛瘦肉做成的生拌牛肉，将这样一道清爽的菜品作为套餐的第一道菜。生拌牛肉搭配芝麻豆腐的组合也令人惊艳。

2 前菜具备了日本料理的特色，将每样少许的充满季节感的下酒菜摆放在一起。在组合上也考虑到了料理与烧酒、日本酒或日本葡萄酒等酒品之间的协调性。

接195页

3 汤品
松茸土瓶蒸

秋天会使用松茸这种食材。土瓶（砂锅）蒸的高汤是在用牛尾熬煮出的汤里，加入了鲣鱼高汤的混合高汤。在食材中加入了牛舌，使顾客可以品尝到浓郁的汤汁，尽情享用美味。以在餐桌上一边加热一边用的形式供应，在渐渐变冷的季节，令人欣喜。冬天会改用鲜虾丸子或蟹肉丸子做成汤品，按照季节改变汤品中的食材。

4 牛肉刺身
轻烤和牛后腰脊肉卷海胆

牛肉刺身中使用的是和牛的后腰脊肉与海胆。虽然这种组合十分新颖，在此之前未曾有人这样做过，但入口即化的和牛与口感绵密的海胆的奢华滋味，获得了相当高的人气。店家将其作为刺身料理，安排进了套餐里。先将霜降后腰脊肉的表面轻轻炙烤，再用牛肉将新鲜的海胆卷起来。然后，在牛肉表面涂上一层腌肉酱汁调味，最后再点缀上芥末。

5 特色料理
高汤酱汁烤肉

将鲜红的内后腿肉切成一大片薄肉片，烤好后将肉浸入高汤酱汁中再享用。由于肉片太薄不易烧烤，所以会由店员协助，将肉片平铺在烤网上面，再快速将肉卷起来烧烤。用这样的具有娱乐性的烤肉方式带动气氛。高汤酱汁以牛骨高汤为基底制作。将烤好的肉片放入高汤酱汁中，使顾客可以享用到浸入了高汤鲜美味道的肉片。

烧烤方式

食用方式

→3

接下来，根据料理的流程，端上汤品。用牛尾熬煮出风味浓郁的高汤，可以暖胃，还能品尝到松茸等食材的秋味。

→4

将牛肉刺身料理制作成不影响品尝后续烤肉的一口大小。将和牛的后腰脊肉与海胆搭配在一起，无论在视觉上还是风味上，都能给人相当大的冲击。

→5

开始烤肉。最先由店员协助烤肉，可以让顾客享用到十分美味的薄切肉片。这种方式还可以让顾客欣赏店员的烤肉表演。

接197页

6 肉匣
Ibuki（特上等牛肉180克）

*食材内容会根据进货情况/季节变化而有所变动。

　　肉品盛放在印有"肉亭Futago"商标的木盒中，一共六种肉品，每片肉的形状都经过仔细的切割。具有压倒性存在感的牛肉，让顾客在打开盒盖的瞬间，自然而然地为之欢呼。照片中从左至右分别是上等牛舌、后腿股肉心、后腰脊翼板肉、上等外横膈膜肉。小碗中的肉品是肋间牛五花肉、韩式辣酱腌牛五花肉。还附有海鲜类的鲜虾、烧烤用蔬菜，也十分受欢迎。烧烤用的蔬菜包含了茄子、长葱、万愿寺辣椒（日本一种甜椒）、杏鲍菇等，分量充足。三种蘸酱分别为柚子醋酱汁、柠檬蘸酱和蘸肉酱。柠檬蘸酱是在油里加柠檬汁、菠萝和醋，并加以乳化制成，营造出了柔和的酸味。

7 清口小点
苹果冰淇淋

　　在供应主食之前，先穿插提供用时令水果制成的冰淇淋，以此来清除残留在口中的余味。

8 <small>主食</small>
生鸡蛋拌饭或盛冈冷面

　　主食料埋有生鸡蛋拌饭与盛冈冷面两种供顾客挑选。照片中米饭上的生鸡蛋是浸渍过秘制传统蘸酱的生蛋黄。还会一并附上烟熏酱萝卜、腌渍野泽菜（日本芥菜）、有马山椒时雨煮（用日本兵库县有马町特产的马山椒制作的料理，时雨煮意思是短时间就能制作完成的料理），以及豆腐红味噌汤。盛冈冷面则是以鲣鱼高汤为基底，加上来自盛冈的面条制成的。

9 <small>甜品</small>
梨酱杏仁慕斯

　　饭后甜品也是煞费苦心制作而成的充满魅力的甜点。有着浓郁杏仁香气的绵密慕斯，搭配上具有爽脆口感的梨酱，还会附上不调味直接油炸的荞麦籽，用来突显口感变化，可以将其撒在杏仁慕斯上一起食用。

→6
每位顾客都有一盒肉匣。店家希望每位顾客都能够根据个人喜好的顺序去享用这道料理。在此先跳脱出了套餐的束缚。

→7
顾客享用完烤肉后，再品尝冰淇淋，清理口中余味。也以此抚平享用过烤肉后的高昂情绪，进而能够享用接下来的主食。

→8
主食料理可根据自身情况，选择饭或面。如果不是一个人前来用餐的顾客，就能够各点一份，相互品尝，享受其中的乐趣。

→9
最后一道会影响整体用餐印象的甜品，使用了口味不会太重，且极富创造性的甜点。点缀上荞麦籽，可以起到加深印象的效果。

大阪·北新地
烧肉威德

在套餐中，除了穿插水分充足的蔬菜，还有烤牛肉与牛肝酱等下酒菜，以及牛舌、牛瘦肉、牛内脏，也包含了夏多布里昂牛排、后腰脊肉等高级部位，搭配得十分平衡。一盘料理中的肉重20~30克，分量恰到好处，十分适合下酒。

店铺地址：大阪府大阪市北区

店主·**威德智代**女士

在大阪市与八尾市开店的"烧肉Wacchoi"积累了十年经验后，于2014年开设了"烧肉威德"。从肉品的选购、清理、预处理、烧烤，都是一个人完成。凭借细致入微的服务与技术，吸引了大批北新地的顾客们。

凭借着与葡萄酒
十分搭配的烤肉料理套餐
牢牢留住了酒客们

黑毛和牛套餐

1 前菜·鲜蔬拼盘
2 烤牛肉
3 牛肝酱
4 黑毛和牛　特选牛舌
5 当日牛瘦肉
6 当日牛内脏
7 当日烤蔬菜
8 水果番茄
9 黑毛和牛　夏多布里昂牛排
10 黑毛和牛　薄切严选后腰脊肉
11 使用砂锅煮的米饭
12 水果

"烧肉威德"将店主亲自烧烤的炭火烤肉料理、与葡萄酒也很搭的肉料理，以及新鲜的蔬菜料理，组合成备受欢迎的套餐。店内只有两种套餐，分别为1万日元（约501元人民币）的黑毛和牛基本套餐与1.3万日元（约651元人民币）的豪华套餐。使用的肉主要为A4等级以上的山形牛或熊本和牛。进货后由店主威德智代女士亲自分切处理与烧烤。位于大阪北新地这个酒客云集的地方，通过宽敞平坦的吧台，营造出舒适的氛围与高雅的空间。与一般烤肉店喧闹的环境不同，因此收获了大批40~50岁的男性顾客。

1万日元的基本套餐包含了12道料理，在此套餐之上添加了外横膈膜肉与红酒炖牛舌的是1.3万日元的豪华套餐。这种简单明了的价格设定也受到了好评。店家在饮品菜单的葡萄酒上也下了一番功夫，一玻璃杯酒的价格为1000日元（约50元人民币），一瓶价格约为6000日元（约301元人民币）。价格在1万日元（约501元人民币）左右的品牌最为齐全。

为了销售葡萄酒，会在套餐里面安排烤牛肉、牛肝酱这些能够搭配葡萄酒享用的下酒菜。此外，更在肉类料理中穿插了3道当季的新鲜蔬菜料理，设计出能够均衡享用到肉与蔬菜的优质套餐。一边享用美食，一边品尝美酒，受到了顾客们的好评。高品质的肉则以风味清爽的盐味烤肉为主。在套餐中随处都能感受到无微不至的贴心设计。

1 前菜
鲜蔬拼盘

在享用肉品之前，先让顾客品尝水分充足的蔬菜，来激发食欲。使用水茄子、冰草、甜椒、红心萝卜、生食南瓜等蔬菜。冰草使用的是具有颗粒口感，并带有少许咸味的品种。

2 烤牛肉

用内腿肉下侧部位的下后腰脊球尖肉制作成的黄金烤牛肉。快速将表面烤至定型，烤出焦香的味道，再进行真空包装，连同包装一起放入热水之中，低温加热。这个方法不但可以防止牛肉变干，还能使烤牛肉变得多汁。将其切成薄片后，蘸上以酱油为基底制成的酱汁享用。

3 牛肝酱

使用牛肝制成的牛肝酱，味道香郁，没有什么特殊味道，非常适合作为搭配葡萄酒的下酒小菜。牛肝酱入口即化，涂抹在用炭火烤过的法棍面包切片上，和酒一起享用。

套餐的流程

1 先以新鲜蔬菜的爽脆口感与清爽风味激发食欲。色彩缤纷的蔬菜，以华丽的形象拉开套餐的序幕。

2 接下来提供的是能够促使顾客点酒的下酒小菜。通过供应这道可以事先准备好的料理，也能缩短上菜时间。

3 接着提供的是与烤肉口感相差甚远的浓郁顺滑的牛肝酱。到此为止都是套餐的前半段料理。待顾客与店家都进入状态后，才开始进入烧烤料理阶段。

接200页

4 黑毛和牛 特选牛舌

待顾客心情放松下来后，转而提供烤肉料理。一开始先供应的是牛舌。将柔软的和牛牛舌厚切后烧烤。先将正反两面各烤1分钟，然后放在旁边静置2.5分钟。在这个时间内，温度会慢慢渗透进内部，形成漂亮的粉红色。然后对半切开，附上盐、芥末和青柠檬。

5 当日牛瘦肉

图中的是厚切的下后腰脊肉，有油脂分布、口感柔嫩。常与豆苗等苗菜搭配。

⇨4

"烤肉要从烤牛舌开始享用"的印象已经深入人心，因此先从牛舌开始烧烤。由于会花费一些时间，所以趁着下酒小菜上桌的时候，就开始烧烤。

6 当日牛内脏

接下来端出的牛内脏也同样是用盐调味的。除了照片中的牛心之外，还会使用草肚、小牛胸腺、牛颊肉等新鲜度良好的牛内脏，用盐调味烧烤，再蘸上香油和盐享用。牛心不过度加热，充分利用牛心的独特口感烧烤。

7 当日烤蔬菜

在品尝过几道肉类料理后，在中间穿插烤蔬菜来变换口味。烤蔬菜除了照片中的芦笋之外，还会选用香菇、玉米笋、莲藕等时令蔬菜。为了能品尝到蔬菜本身的清脆口感与清爽水分，稍微烧烤一下即可上桌。供应现烤蔬菜也能让顾客感受到当下的季节感。

8 水果番茄

接下来用水果番茄清除口中余味，以此连接下面主餐的烤肉。水果番茄使用高知县产的高糖度"Kanade小番茄"。与嫩叶菜一起供应，在顾客心中留下这间店铺不仅肉好吃，就连蔬菜也很美味的深刻印象。

→ 5

接下来是盐烤瘦肉。使用有适当脂肪分布的优质瘦肉部位，具有恰到好处的口感，能够充分品味到牛肉的美味。

→ 6

享用过牛舌、牛瘦肉之后，会端上牛内脏肉。不使用带有强烈特殊味道的内脏肉，而是使用牛心与牛肚等接受度比较高的部位。

→ 7

在连续几道肉类料理之后，会端上烤蔬菜。以季节性蔬菜的口感与香味作为套餐中间部分的亮点。蔬菜所带来的轻盈感，可以减轻肉类料理的厚重感。

→ 8

接下来端出生食蔬菜，清除口中的余味。用水果番茄的酸甜味与嫩叶菜的清新，使口中变得清爽起来。

→ 接202页

9 黑毛和牛 夏多布里昂牛排

定位为主餐的夏多布里昂牛排。将菲力之中具有高度稀有性的夏多布里昂，以厚切的方式，切成一口的大小，以充分保有口感的形式供应。由于这是一个肉质相当软嫩的部位，所以即使切成厚片也不用剞花刀。将表面充分烤得焦香、内部烤得软嫩多汁，使顾客可以享用到这种烧烤方式烤出来的双重美味。会附上盐、芥末和青柠檬。

10 黑毛和牛 薄切严选后腰脊肉

11 使用砂锅煮的米饭

套餐的最后一道烤肉料理，以唯一的一道酱汁烤肉来收尾。使用砂锅煮的米饭刚好煮熟，与裹上酱汁烧烤的薄切后腰脊肉片一起享用。后腰脊肉本身的美味自不必说，加上刚煮好的米饭一起入口，这样的美味更是让顾客好吃到说不出话来。还会附上一个生鸡蛋，无论是将肉裹上蛋液食用，还是直接享用生鸡蛋拌饭都可以。这样令顾客百吃不厌的美味搭配，牢牢地抓住了顾客的心。

12 水果

饭后的甜点是时令水果与有益健康的牛蒡茶。让顾客得到放松，并为套餐落下帷幕。

→9

将这道作为主餐的夏多布里昂烤肉料理，在生食蔬菜之后上桌。先用蔬菜清除口中残留的余味，就可以令顾客品尝出夏多布里昂牛排出众的高价值感。

→10 11

配合料理享用进度，用砂锅将米饭煮熟，搭配上酱烤后腰脊肉一起食用。之前的烤肉都是用盐调味的，而这道料理则改用酱汁调味，使顾客可以享用酱汁烤肉搭配米饭的绝妙口感。

→12

最后端上桌的是当季水果与牛蒡茶，让顾客度过一段惬意的时光。

PART 3

使烤肉更加美味的
工具知识

关于烤肉和炭

更有效地选购与使用炭的诀窍

炭火烧烤比电烤、燃气烤能够赋予食材更诱人的口感和香气。木炭因种类和产地不同，品质也会有差异，所以必须掌握木炭的基础知识，方能挑出优质木炭。在此访问了木炭专家关于木炭挑选与如何更充分使用木炭的诀窍，整理如下。

炭火烤可以使肉品受热均匀，且热量深入内部。此外，滴落至木炭上的油脂带起的烟，可以为肉品增添烟熏香气，因此远远胜过其他烧烤方式。

不过，木炭种类不同，火力、燃烧时间、性价比都不一样。要根据每家店铺的工具、顾客群体、用餐时间来选购最合适的木炭。

烤肉店主要使用的备长炭（日本一种高碳含量的木炭）与炭精的特征

木炭分为天然木炭和机制炭。天然木炭有容易点燃且容易提高火力的黑炭，以及不容易点燃但火力可以长时间维持的白炭。白炭中有种优质的木炭叫备长炭，品质较高，它可以在维持高火力的状态下，长时间燃烧，因而在价格上比机制炭贵。在日本，备长炭的质量良莠不齐，需小心挑选。

烤肉界使用最多的是机制炭。由于天然木炭以原木为材料，对环保有较大的影响，所以以木屑为原料制作的机制炭，使用最为广泛。炭精就是一种机制炭。

如何达到最大化的使用效果，以及如何更经济地使用木炭的关键

店铺经营状况不同，适合的木炭也不同。如

只要将炭精不留空隙地摆放，就可以减少与空气接触的面积，这样即使油脂滴落下去，也不容易有火蹿上来。

果顾客大多以家庭为单位，或者使用桌上型点火式烤炉的店铺，比较适合可以快速点燃的黑炭，因为如果烤网温度上升太慢，顾客久等会导致满意度下降。除此之外，在午餐时段等重视翻桌率的情况下，黑炭也是相当不错的选择。而白炭耐烧，适合用餐时间较长的店铺。

如店铺有凉菜或其他料理给顾客先品尝，然后再供应烤肉，这样即使烤网需要花费一些时间才能升温，也不会令顾客着急。使用能够长时间维持高温的白炭，也可以免去更换木炭的工作，节约人力物力。

想更有效地使用木炭，不但要在挑选合适的木炭品种方面下功夫，使用方法也是有诀窍的。将木炭纵向摆放，可以快速点燃，但会缩短燃烧时间。横向摆放虽然会花费较多时间才能点燃，但燃烧时间也相对变长。此外，横向摆放的

时候，尽量让木炭之间不要出现缝隙，这样火焰不易往上蹿。如果火焰往上蹿的话，就会将肉烧焦。火直接接触肉烤出来的味道，远远不如利用炭火本身的热量烤出来的味道。因此烧烤内脏肉等脂肪含量较多的肉时，将木炭横向摆放，效果更好。

同样的木炭，店铺处理的方式不同，也会导致成本的差异。有的店会将购进的长木炭切短，以取代直接选购短木炭，这样可以节省成本。此外，不一次使用超出需求的木炭量，不使用高品质的木炭维持火种用烤炉，类似这种细节，也可以节流。

木炭作为必备燃料，货源供应必须稳定。日本本土生产的木炭，价格较贵，进口的木炭价格更低些，但货源受各种影响可能会不稳定，所以要综合考量。

关于烤肉排烟设备

挑选排烟设备就是在挑选制造商！

在顾客自行烧烤的店铺里，选择一套任何人都可以烤出美味肉品的排烟设备，是提高店铺吸引力的要素之一。

下吸式烤肉桌或上吸式排烟管等"排烟设备"、燃气或木炭的"热源"、格纹烤网等用具的挑选，都必须适合店铺的经营特点。

烤肉店的排烟设备分为将烟排到室外的"通风管式"，以及从烤炉内部除去烟和味道的"无通风管式"。也可分为将烟从上方吸除的"上吸式"，以及被称为无烟烤肉的、将排烟口建在桌内的"下吸式"两种类型。

很多店根据烤出肉品的美味程度，选择使用上吸式排烟设备。这是因为当排烟管将烟从上方吸除时，烟雾会经过肉品，产生烟熏效果。

实际上也有过这样的例子，有一家烤肉店，分别设有上吸式排烟和下吸式排烟的餐桌，但顾客预约位置大多会选择上吸式排烟设备的餐桌。

由此可以看出，排烟设备对烤肉风味有一定的影响，顾客们也可以感觉得到。

应选择适合自己店铺风格的排烟设备

从另一方面来说，营造出符合顾客群体的环境氛围，也是经营人气店铺不可或缺的要素。如果目标锁定在商业招待，或是女性顾客为主等比

上吸式排烟管

下吸式无烟烤肉桌

较重视氛围的顾客群体，那么下吸式无烟烤肉桌更适合。

无烟烤肉桌的烧烤灶周围设有排气口，烟会从这些排气口排出。有一家顶级的烤肉店，为了最大限度地突出肉品的美味程度，选择了无烟烤肉桌，在确保店内环境整洁的同时，也提升了烤肉的品质。

在此介绍一下无通风管式排烟设备。在无通风管的无烟烤肉桌内，排烟机器会发热，如果配置过多的话，会令室内温度变高。因此，更推荐在空旷的空间中，设置数台无烟烤肉桌。

制造商与装修者的选择
也是安全运营店铺的重要因素

烤肉店的投资额相当大，因此有不少人为了尽量压低初期的投资金额，会购买一些低价排烟设备，或者自行组装设备。但是，如果安全性得不到保障的话，就得不偿失了。

事实上，烤肉店引发火灾的主要原因是排气量不足，以及缺乏维修保养。排气量不足时，热量也会吸进通风管中，进而引燃附着在通风管内的油垢。因此，必须要由能够设计排气量多少的专家进行施工。另外，包含每天的清洁在内，定期的维修与保养也是防范事故的重要工作。

这样才可以安全运营，因此要慎重挑选排烟设备。几十年前曾有30家以上的制造商，现在已经锐减至四五家。有不少案例显示，一旦制造商停业，其机器设备就会无人维修与保养。所以"挑选排烟设备就是在挑选制造商"。

此外，如果排烟不畅，或者噪音过大，这样的恶劣环境会非常影响生意。因此要最先规划通风管与空调管道等的设置。

关于烤肉和切肉机

购置切肉机可快速分切肉片

分切方法不同，烤肉的味道也会发生改变。因此，娴熟的厨师必不可少，但近年来人才不足。这时候，用来辅助肉品分切的切肉机便受到了店家的关注。

肉品的分切也算是一项重体力劳动。用刀手工分切冷冻肉或肉质较硬的肉，以及进行大量肉品的拆解，这些工作量都很大。用切肉机可以大大提高效率。

任何人都能切出稳定品质的肉品
并且可以快速供应

切肉机原本是用来分切生火腿、意大利香肠等加工肉品的，但其功能十分多样，所以火锅店、拉面店，以及供应肉品的盖饭店等，都纷纷引进了切肉机。任何人都可以使用切肉机切出相同厚度的肉片，可以快速供应。

而能够以相同的厚度分切，也能保证每盘肉分量一致，也更易于计算价格。

切肉机可以把肉片的厚度调整为1~13毫米，从薄切肉片，到牛排用的厚切肉块，都可以根据肉品的部位和肉质，自由调整厚度。

维修保养也很简单
有效提高工作效率

切肉机分为手动式与自动式。手动式切肉机是将肉放在置肉架上，然后再手动将置肉架向前推，让肉抵住转动着的圆形刀刃，就可以切下肉片。自动式切肉机则是连置肉架也可以自动运作，可以快速分切。两者的主要区别是切肉机的体积和切肉的速度。

日本烤肉店使用最多的机型是意大利生产的"Abm切肉机J-250"，刀片锋利耐用，不易生锈，易于清洁保养。

也有不少店铺直接采购分切好的肉，但这样一来，成本会增加，而且肉品的品质会从切面开始逐渐变得不新鲜。而切肉机不仅能够保持肉品的品质，同时也可以提高生产效率。虽然初期投资较大，但从长远来看，是非常划算的。

意大利制的手动式"Abm切肉机J-250"。铝制机身无须拆下清洗，因此每天的清洁与保养工作十分简单，又很卫生。

切割的厚度最大可达到13毫米。通过转动旋钮进行调整。

圆形刀刃的上方组装有研磨石，只要旋转刀刃，就可以轻松地将刀刃磨锋利，安全性也很高。

此版本仅限在中国大陆地区（不包括香港、澳门特别行政区及台湾地区）销售

北京市版权局著作权合同登记　图字：01-2021-3404号。

图书在版编目（CIP）数据

日本主厨笔记.烤肉专业教程 / 日本旭屋出版编辑部编；白金译. — 北京：
机械工业出版社，2022.12

（主厨秘密课堂）

ISBN 978-7-111-71586-3

Ⅰ.①日…　Ⅱ.①日…　②白…　Ⅲ.①肉制品 – 烧烤 –
菜谱 – 日本 – 教材　Ⅳ.①TS972.183.13

中国版本图书馆CIP数据核字（2022）第168432号

机械工业出版社（北京市百万庄大街22号　邮政编码100037）

策划编辑：范琳娜　卢志林　　责任编辑：范琳娜　卢志林

责任校对：韩佳欣　李　婷　　责任印制：张　博

北京利丰雅高长城印刷有限公司印刷

2023年1月第1版第1次印刷

190mm×260mm·13印张·2插页·311千字

标准书号：ISBN 978-7-111-71586-3

定价：88.00元

电话服务　　　　　　　　网络服务

客服电话：010-88361066　　机　工　官　网：www.cmpbook.com

　　　　　010-88379833　　机　工　官　博：weibo.com/cmp1952

　　　　　010-68326294　　金　书　　网：www.golden-book.com

封底无防伪标均为盗版　　机工教育服务网：www.cmpedu.com